見捨てられた命を救え！（ＰＡＲＴ２）

——３・11後、２年目の警戒区域のアニマルレスキュー

はじめに

3・11から、もうすぐ2年になろうとしています。私が家族で故郷の福島を訪ね、悲惨な動物の死を目にしたときから始まった素人の動物救援運動が、世界中の方からHOSHI FAMILYと称される運動になり、これほど長く続き、終りが見えなくなる救援になろうとは、とても想像のできないことでした。「日本がこんなひどい国とは思ってもいなかった」というのが、偽りのない気持ちです。

2011年4月22日、菅直人総理（当時）が発令したフクシマ警戒区域の立入禁止指令以後、放射線量が下がってからさえも、動物は見捨てられていきました。緊急災害動物救援本部に集まった6億7千万円もの義援金は、ほとんど生かされず利権と化してしまった感もありますが、その中で多くの心ある人々が、民間組織に物資や支援金を送り支えてくださいました。

チェルノブイリの原発事故でさえ、ペットや家畜は国民の財産として優先的に保護されたというのに、福島だけは人間のみならず、あらゆる命が見捨てられました。それは、原子力災害は起こらないという政府と東電の傲慢からでたものですが、初動対策が遅れ、今さら方向転換できないという中で、原子力災害対策で原子力産業は潤い、除染作業でゼネコンが潤い、動物をできるだけ助けないことで動物救援本部の資金が潤い、多くの者たちが災害の利権に関与したことだけが目につきました。

そして、数百頭の動物を保護しながら、義援金配分も貰えず運営に苦しむ民間組織もあれば、ほとんど活動もせずに多額の配分を得た組織もありました。そこには、行政を批判するものには義援金を与えないようにしようという構図がありました。福島の避難民の死亡率は、全国平均の2倍を上回り、将来を悲観して自殺した人や、警備の警察官でさえも、統計上あり得ない急性放射能障害で死亡した者も数名いるそうです。

私たちHOSHI FAMILYのメンバーも、首吊り自殺の現場に居合わせたり、住民の方から「もう家にも自由に帰れない、家においてきた猫すらも助けに行けないなら、もう死んでしまいたい」、そんな電話をいくつもいただきました。

しかし、政府の情報統制の中で保安院は、今でも動物愛護団体とジャーナリストは警戒区域に入れるなという指令を警察に行って、マスコミを通じたプロパガンダを流し続けているのです。これらは、明らかに憲法違反とも言える行為ですが、立ち上がろうという政治家は今のところほとんどいません。

政府は住民賠償を遅らせて、福島の民が地元を離れるのを必死で阻止しようとしています。除染すれば5年後には家に戻れると口実をつけて、物理的に不可能な除染を行い始めていますが、大量の汚染された野草を牛が食べてしまうとゼネコンが刈る草がなくなる。そんな利権絡みの構造から、数千頭もの牛が住民の生かしたいという願いを無視して「殺処分」されていきました。たかだか1兆円にも満たない20㎞圏内の住民賠償を遅らせ、そこに何十倍もの除染予算が投入され始めているのが現状です。

おりしも、本書を書き終えようという1月12日、名古屋において福島の飯館地区で動物を救うボランティア活動をしていた女性リーダーが、家族3人を殺害し自殺したというニュースが流れましたが、真相は究明されておりません。しかし、はっきりしていることは、もし、この日本という国が思いやりのある国で、心豊かな国であれば、彼女は福島に行くこともなかったであろうし、無駄な心労も辛い動物たちの死も目にすることはなかっただろうことです。時の流れは確実に別のものとなり、この動物好きの家族は、このような悲惨な事件に至らず生きていただろうということです。「弱気」を救えない今の政治が、彼女とその家族を死に至らしめた事を忘れてはいけません。

本書を見ず知らずの立場でありながら、フクシマの動物救援に協力をいただいた多くの愛護家の皆様、世界中からこの民間救援に支援物資を送ってくださった皆様、今も生き残る2千頭以上の猫と犬、千頭の家畜たち、最後まで信じて飼い主を待って餓死していった2万頭のペットと60万頭の家畜、HOSHI FAMILYが救った200の命たちと里親を志願していただいた皆様に捧げます。そして、警戒区域では今でも動物たちが救援を待って生きています。この歴史上最大の動物殺しの真実と人間行動の浅ましさを、多くの皆さんに伝えることを願ってやみません。

2013年1月18日

星　広志

目次

第5章　世界に広がるフクシマ・アニマルレスキュー　105

第6章　環境省・オフサイトセンターの偽善　123

おわりに　158

注　本文及びキャプションで、特に表記していない日付の年号は2012年である。

第1章　3・11後、2年目の警戒区域

――大半が餓死したなかで、今なお生き残る動物たち

●小走りに向かってきた奇跡の猫（２０１２年）

３・11後、１年８カ月も経って……

私たちの車の前方を、１匹の猫が黙々と歩いていた。人間がいなくなり1年8カ月も過ぎたのに、この小さな猫はまだ警戒区域に生きていて、あてもなくさまよっていた。

右へ左へと体をフラフラに傾けながら、一心に歩いているのがわかる。何を考えながら歩いているのだろう。美味しいご馳走を思い浮かべているのか。それとも、昔、抱かれた飼い主の温もりを薄れた意識のなかで、思い出しているのか……。

猫はそれでも、私たちの車に気付かずに、黙々と背中を見せて歩いていた。

ところが……、やっとエンジンの音に気付いたのだろう。その猫が、小走りに私たちの車に向かってくる。そして、車の前にきて、ちょこんとお座りをしたのだ。

これには、さすがの私たちも驚いた。慌てて、猫の缶詰とキャリーバッグを持ち、車を飛び降りた。それでも、猫は逃げようともせず、缶詰のえさを与えると食べた。

「助けてくれるんだよね」という表情

突然のことなので、捕獲器を出す暇もない。猫を脅かさないようにして、キャリーバッグの奥にそっと缶詰を入れると、猫は私たちの顔の見上げて、

「本当に食べていいんだよね。助けてくれるんだよね」、そんな表情で私たちを見上げてから、キャリーの中に入っていった。

どうして、こんな小さな猫が今まで生き延びてこられたのか、とても不思議なくらいにおとなしい。
車の中で抱き上げると、猫は安堵した表情で顔をすり寄せてきた。よほど人間に可愛がられた猫でない限り、こんなことはありえない。

飼い主は見つかるのか！

東京に連れ帰り、ハナ動物病院の太田先生が健康診断をしてくれた。避妊はされていなかったが、血液には異常もなく病気もない。
これから3カ月、元の飼い主を探し、見つからないときには、この奇跡の猫の里親の募集をするつもりだ。
どんな命にだって、感情があるかぎり、そして一度でも人間が関わってしまえば、その命を守るのは、人間の責任であるはずだ（11月18日）。

●警戒区域内でレスキューされた猫たち

■浪江町でレスキューした唇のない猫

6月12日、警戒区域・浪江町大堀で保護しました。オス、キジトラ、人馴れしていて、尻尾がとても短い猫です。上唇欠損（ウィルス性の病気）していて、歯が見えてしまっています。上唇がなく食事が辛そうです。病院に通い治療して、なんとか自力で食事できるようになりました。おとなしく抱っこされて、間違いなく飼い猫だったはずです。

飼い主さんを探しています。

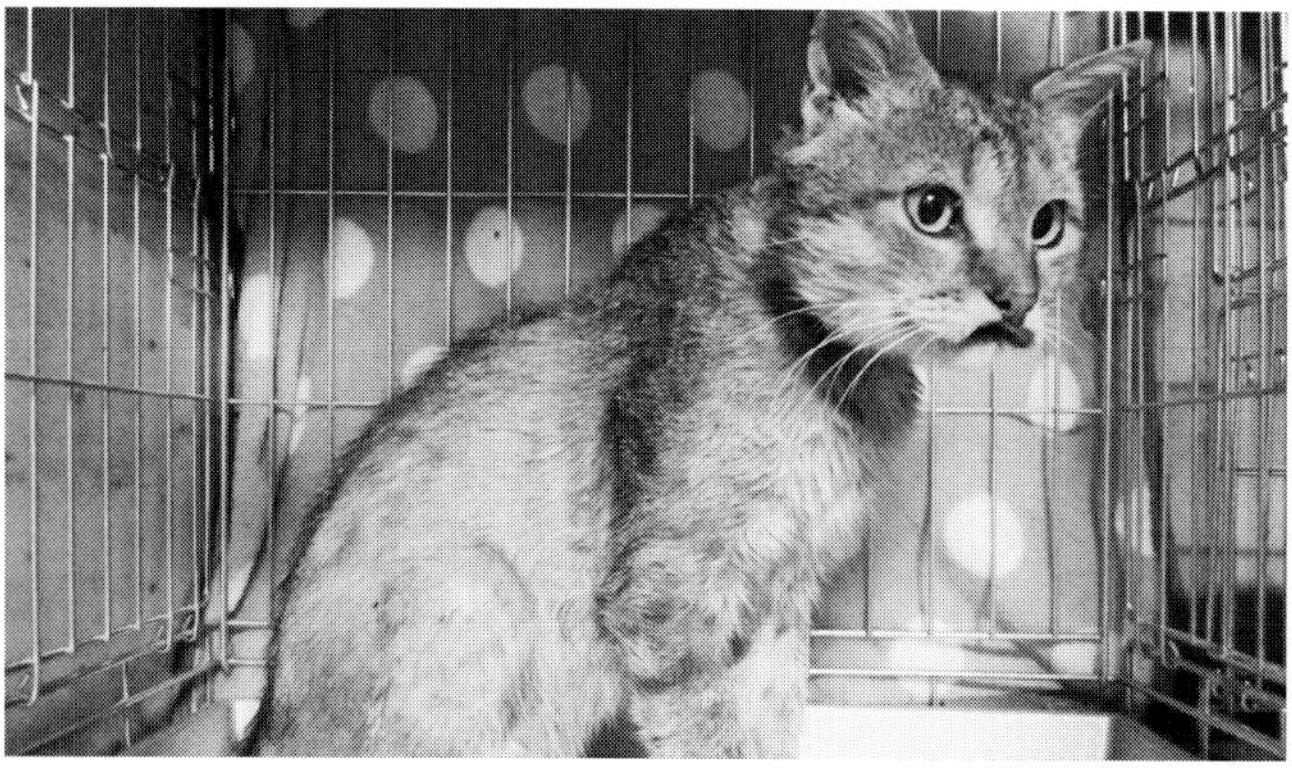

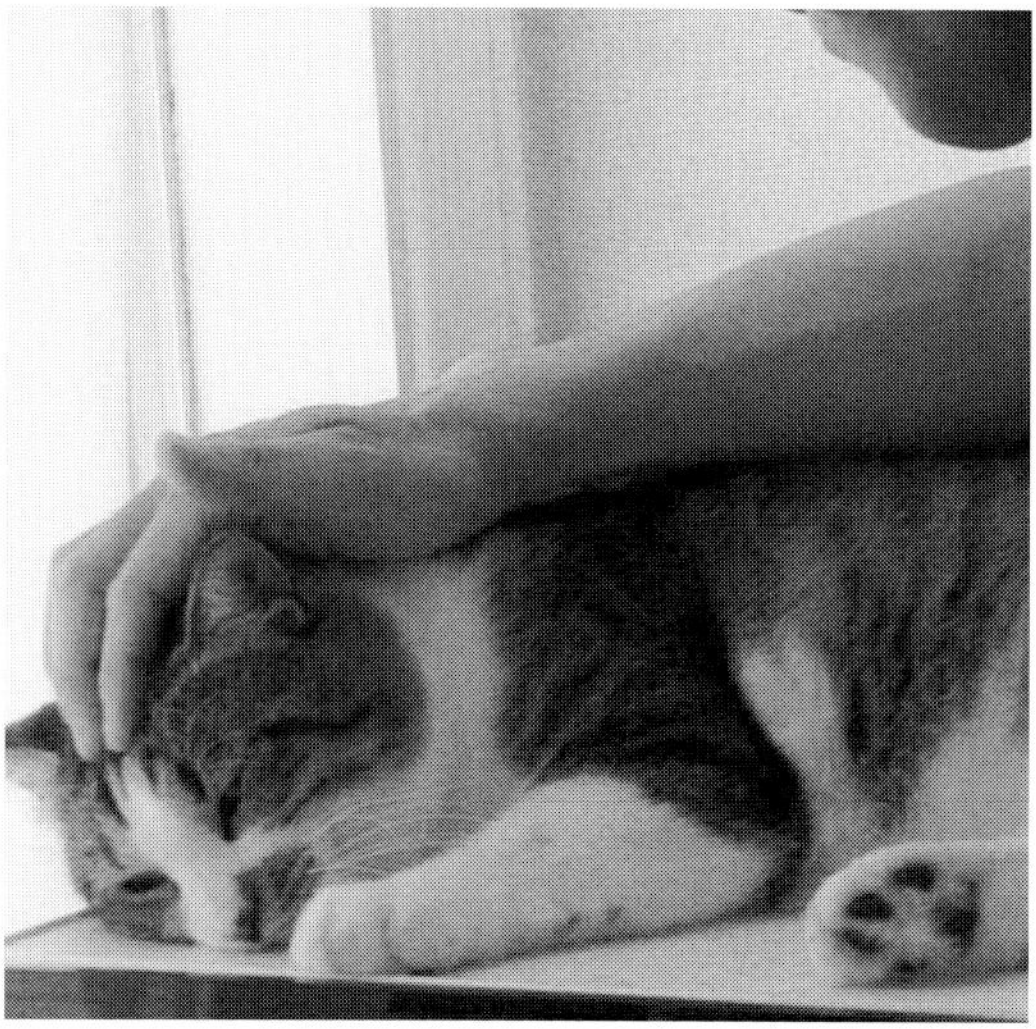

■富岡町でレスキューの長毛種

富岡駅前で深夜手づかみで保護。レスキュー星礼雄・ペルシャ・メス、飼育担当、佐々木家庭シェルター（8月6日）。

■富岡町のライブカメラ周辺で保護したキジシロ猫

富岡ライブカメラ竹村写真館付近で保護。レスキュー星礼雄・キジシロ・メス、飼育担当・佐々木家庭シェルター（8月6日）。

■富岡町でレスキューされたアメショーミックス

病気無し、メス、避妊もされていました。保護直後から抱っこできるほど、おとなしい猫でした。

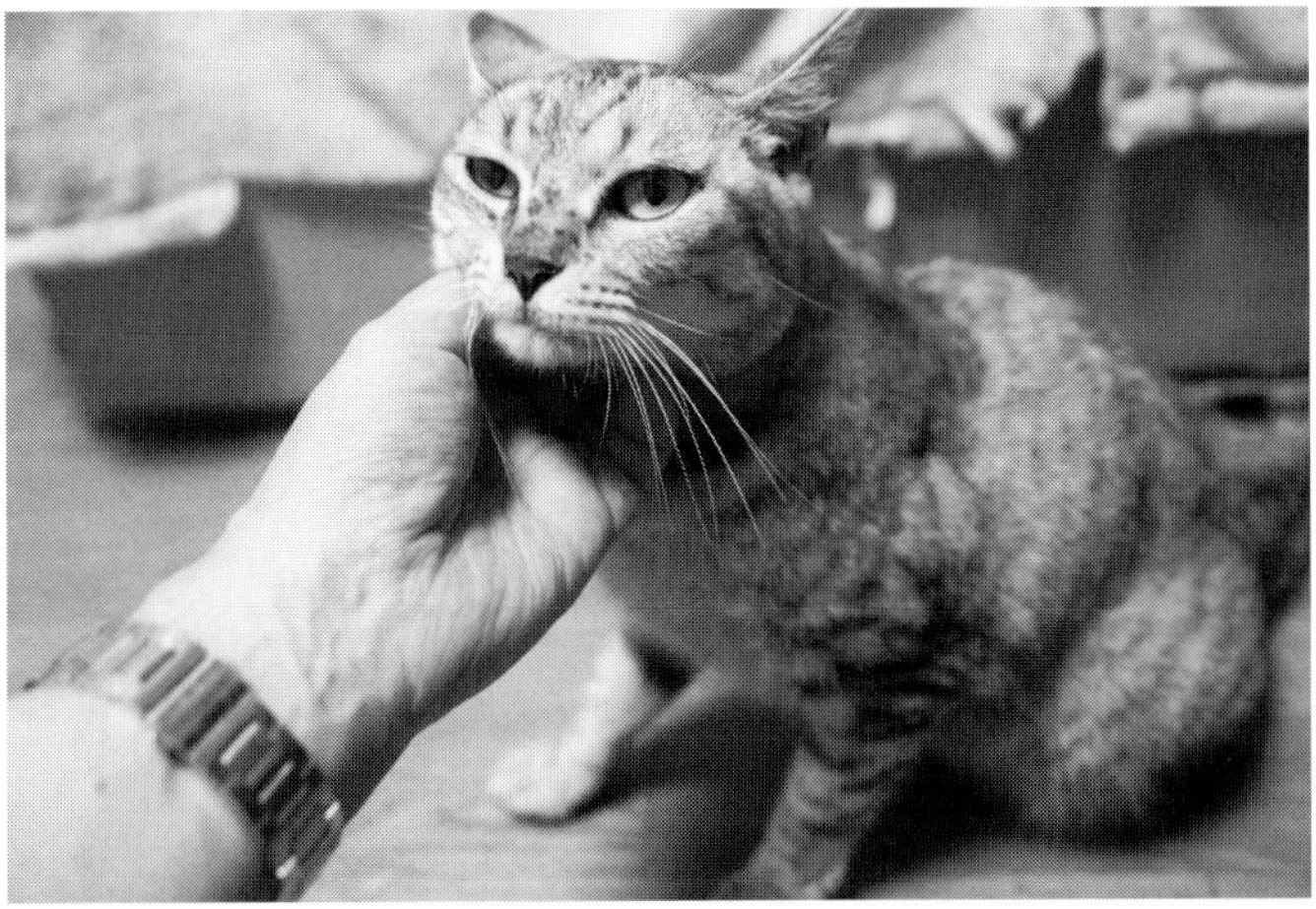

人懐こく現在は武蔵野家庭シェルターに保護しています。

よほど可愛がられていた猫と思いますので、飼い主さんが見つかりますことを願っております（9月2日）。

■富岡町付近でレスキューの茶白

警戒区域で保護、立ち上がるのがやっとなほど弱っています。かなりの脱水症状のようです。

12日から治療を始めます（8月11日）。

■監視カメラで追っていた猫を救助

以前から監視カメラで追っていた、シャムミックスの猫を7月21〜22日に富岡町でついに保護しましたが、震災で何かに挟まれ骨折していたようです。

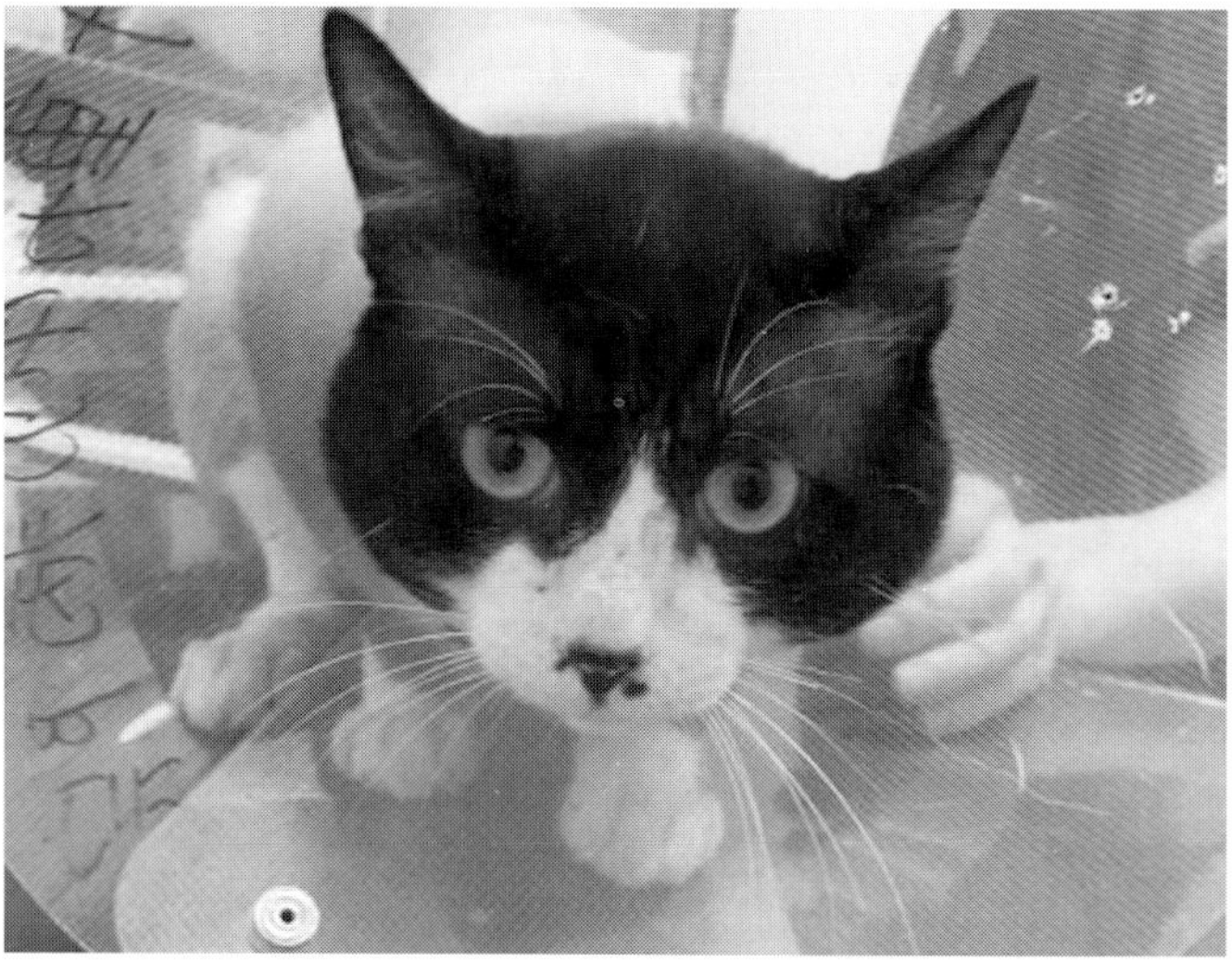

びっこをひいてはいますが元気です。保護直後から人間に懐きました。

明らかに飼い猫です（7月22日）。

■富岡町で保護した赤い首輪の猫

警戒区域・富岡町夜の森北1丁目、佐藤麻美さん宅に仕掛けた捕獲器に、赤い首輪をした猫が入っていました。

近くに行くと、猫はいかにも甘えるような顔でこちらを見上げています。

東京へ連れて帰りリハビリをはじめました。飢えていた猫は、食べ物に対する執着心が強く、吐いてしまうまで食べようとします。

お腹を見せてゴロゴロするのが大好きな愛らしい猫だけれども、もう半年も探しているのに、未だに元の飼い主は見つかりません（9月）。

■警戒区域の子猫・のーのーちゃん

警戒区域・富岡で8月11日に保護された子猫の「のーのーちゃん」。よほどお腹が空いていたようで、2食分を一気に食べてくれました。

12日健康診断後、里親探しを始めます。

北田監督の映画にも登場するそうです。

健康診断後、里親探しを始めます（8月11日）。

＊3・11後に生まれた救出直後の、のーのーちゃん。まだ、人への警戒が解けないのか？

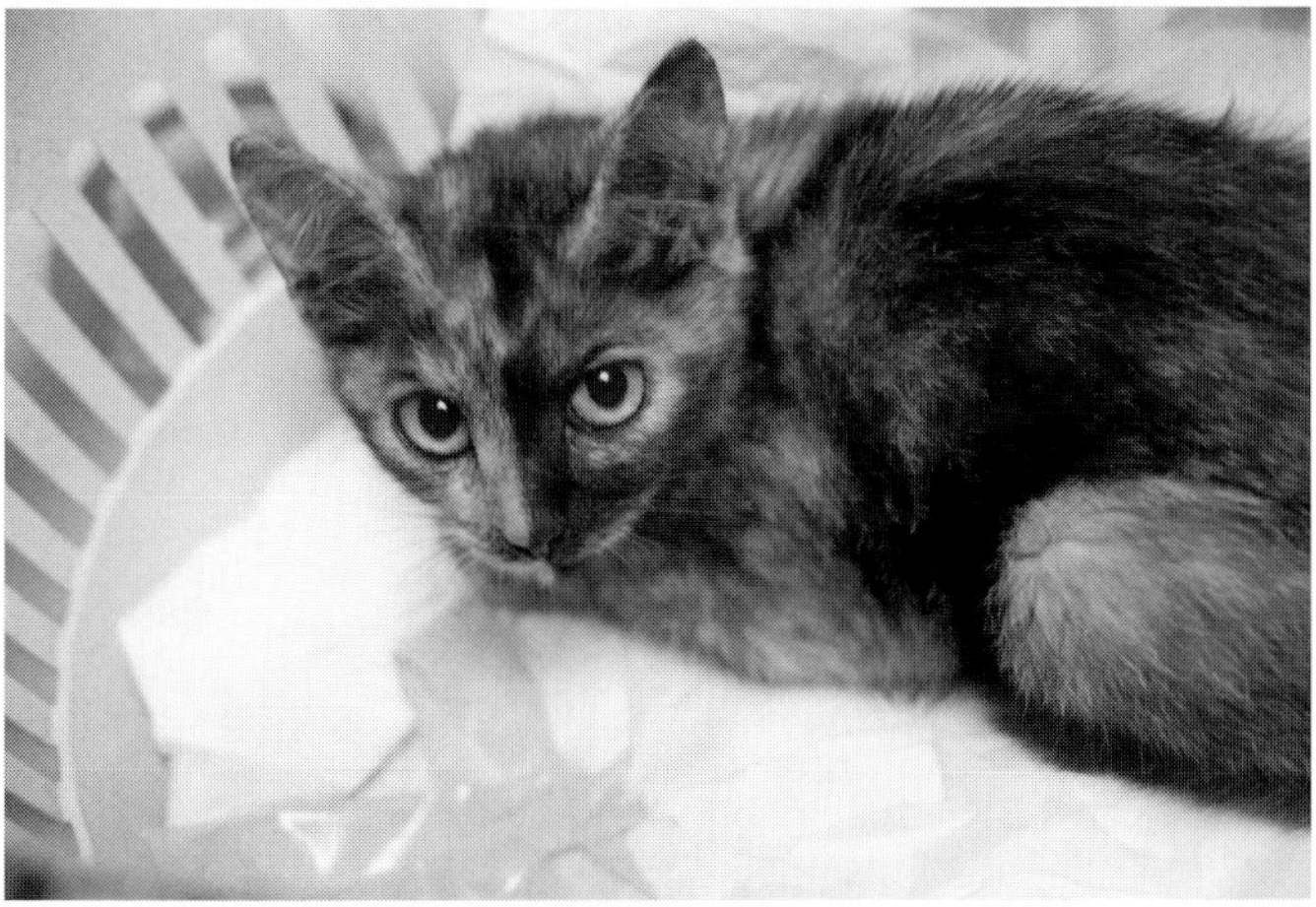

■富岡町でレスキュー
ダブルキャリアのサバトラ

警戒区域・富岡町で救出されたダブルキャリア（白血病とエイズ〔猫免疫不全ウィルス〕）のサバトラちゃん。

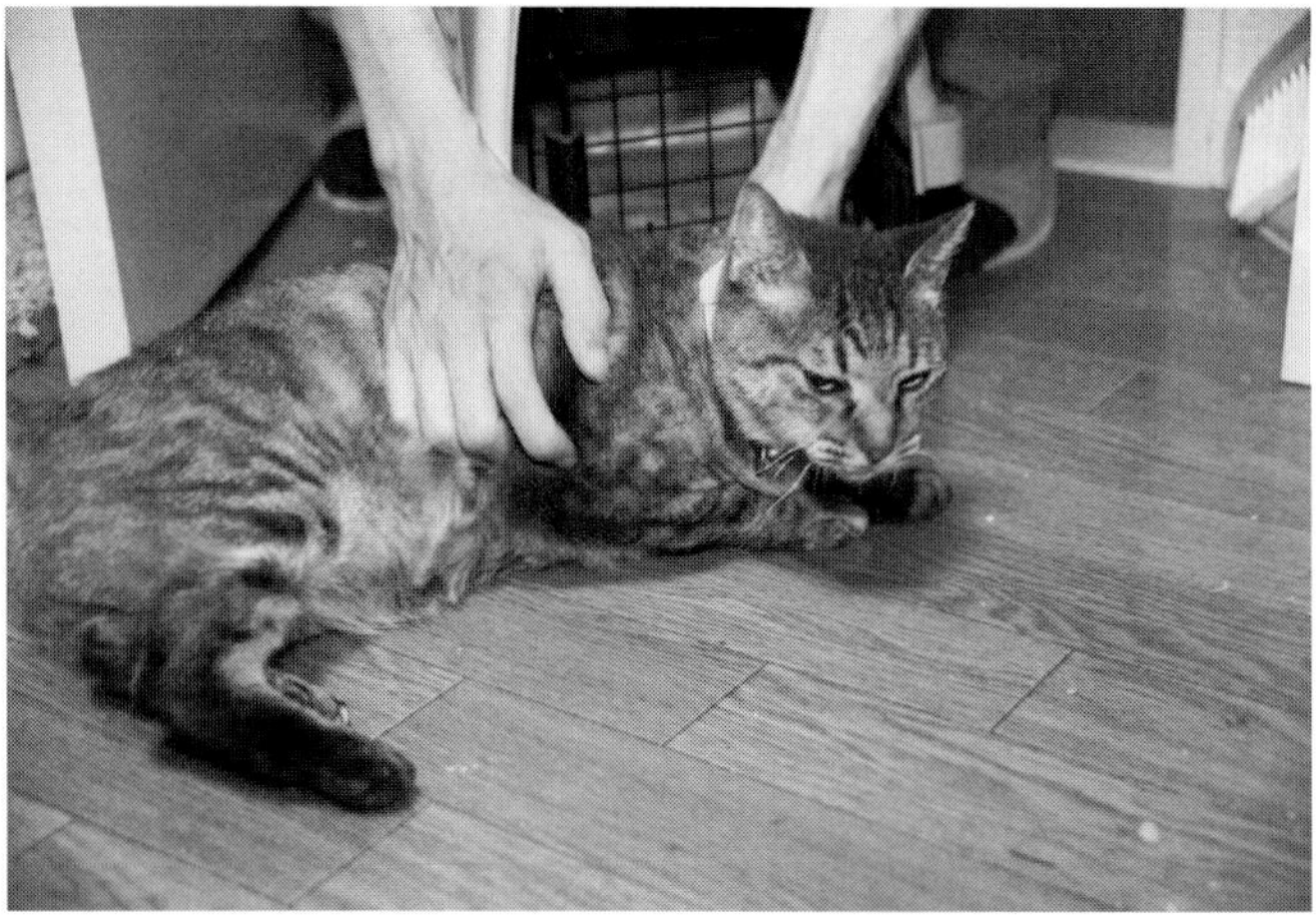

武蔵野家庭シェルターで隔離ケージの中で飼育していましたが、このままではかわいそうなので、病気猫専門の白井家庭シェルターに移動することになりました（7月17日）。

■富岡町でレスキュー
飢餓へのトラウマがあります！

警戒区域・富岡町上手岡下千里334付近で保護しました。飼い主様を探しております。雄です。本日去勢の予定です。飢餓に対する精神的なトラウマがありますので、1～3カ月は、たらふく食べさせて、トラウマを忘れて食べ物に対する執着心が無くなってから、里親探しをすることになります（7月1日）。

■浪江町で保護した　ブリティッシュショートヘアちゃん

浪江町権現堂、ヤマザキデイリーストア裏で保護した

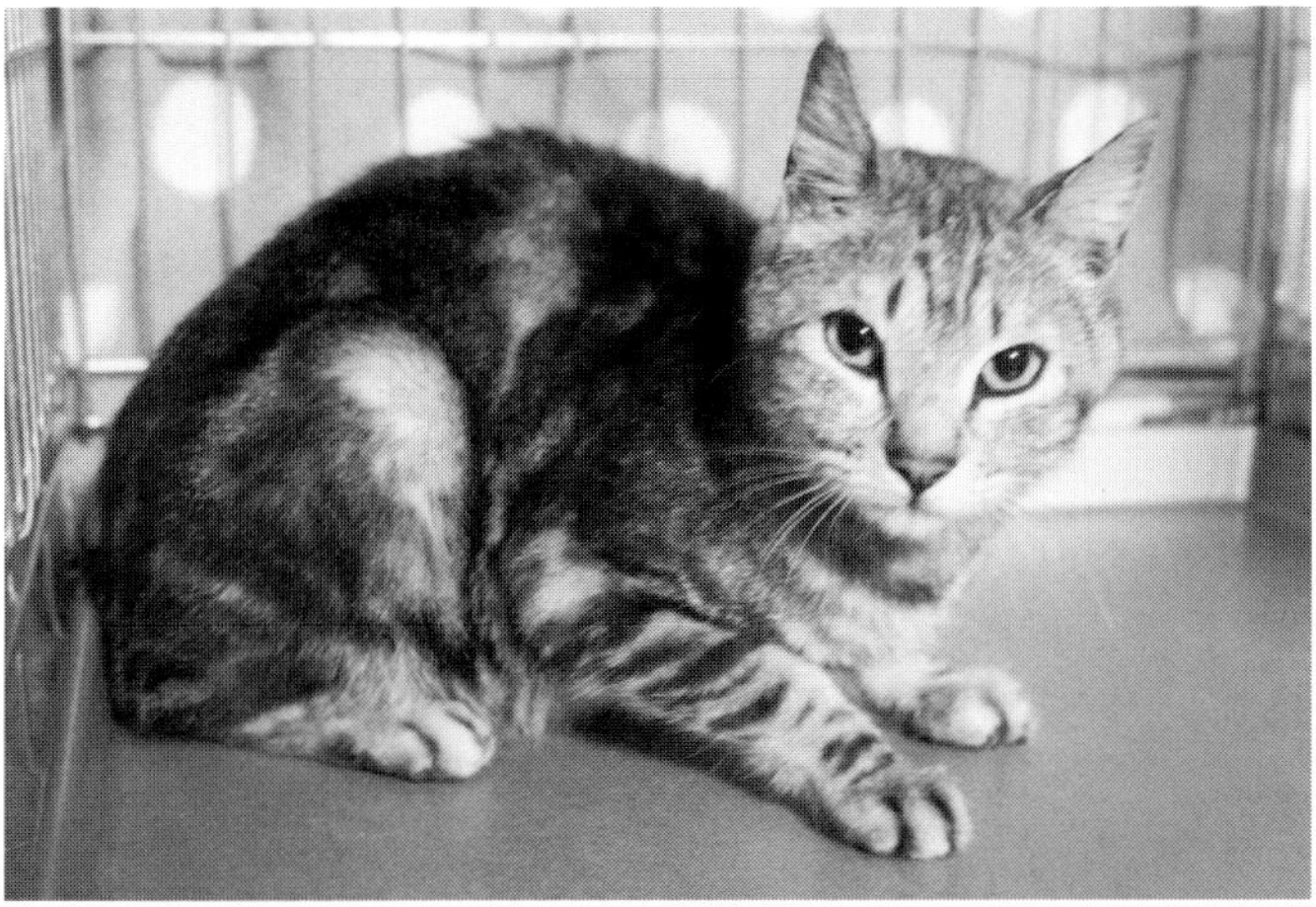

ブリティッシュショートヘア。

1年3カ月のサバイバル生活から解放され、ほっとしたのか、リラックスして寝てばかりです。

起きている時はかまって～とおねだり。

とても人馴れしています（5月27日）。

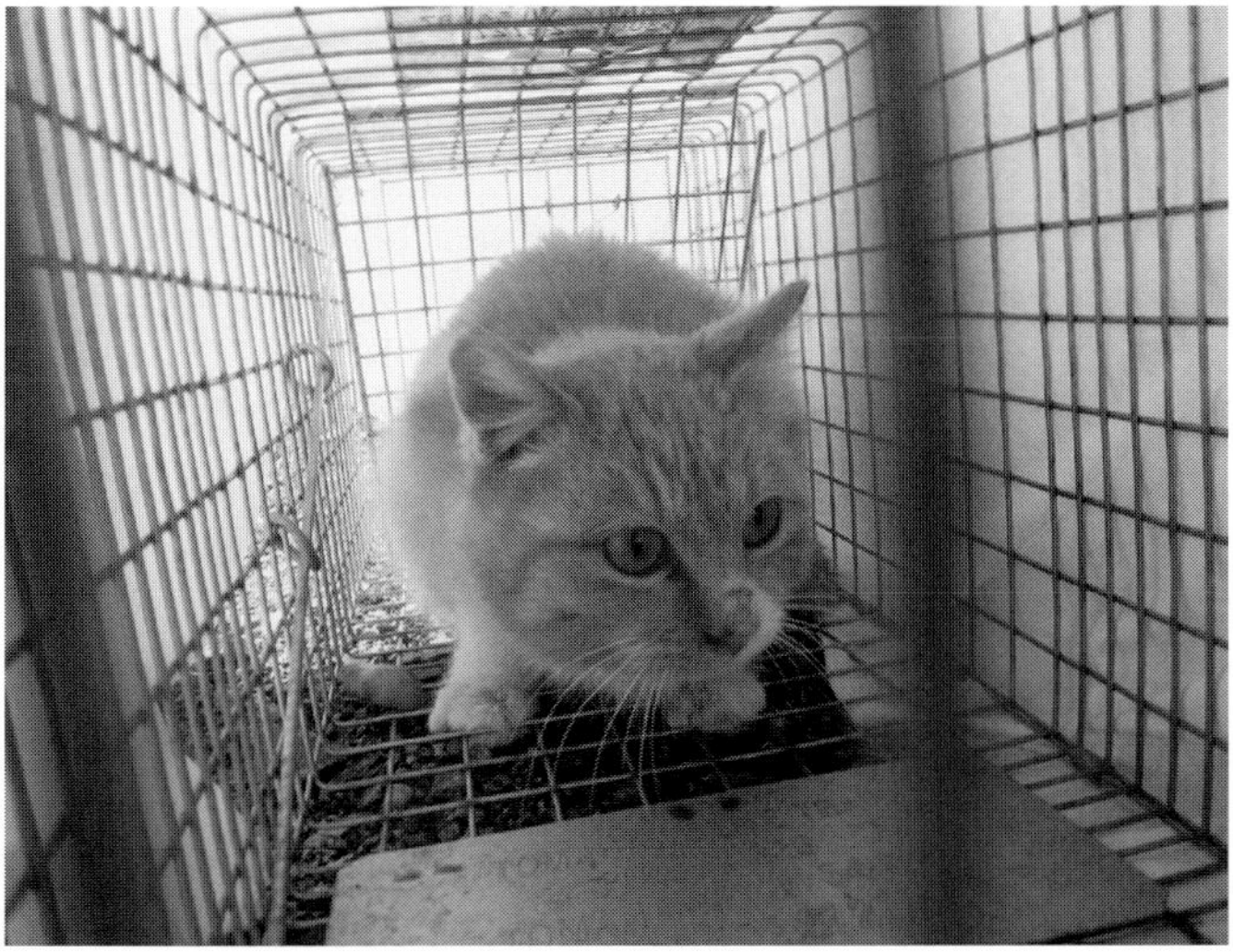

■富岡町で保護したアカトラくん

アカトラは、甘えん坊で活発な子が多いです。富岡町で2月11日に保護しました。

■富岡町で住民と連携してレスキュー

警戒区域・双葉郡富岡町大菅字蛇谷須で保護。3月14日にHOSHI FAMILYが捕獲器を仕掛けておき、それを翌日15日に一時帰宅した住民さんが回収するという連携をして保護しました。

オス猫です。早くも、でれでれの甘えん坊の様子です。無事飼い主さんが見つかることを願います（3月15日）。

■富岡町でレスキュー

富岡町の西部にある、住民の依頼先民家で保護。

残念ですが、飼い主さんの身元が不明で、その後、東京の里親にもらわれていきました（2月4日）。

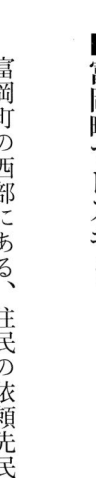

■パトカーに追われながらのレスキュー

警戒区域に「不法侵入」。警察に発見され「指名手配」を受けながら警戒態勢の中で逃げ回り、数十台のパトカーに追われながら保護しました。

保護後、わずか数時間で抱っこできるほど、人間に慣れた猫でした。顔にいくつもの傷がありますが、必死で1年5カ月を生き延びた命です。

何とか元の飼い主さんの元に戻れることを願っています。保護場所、6号線・富岡町付近（7月21日）。

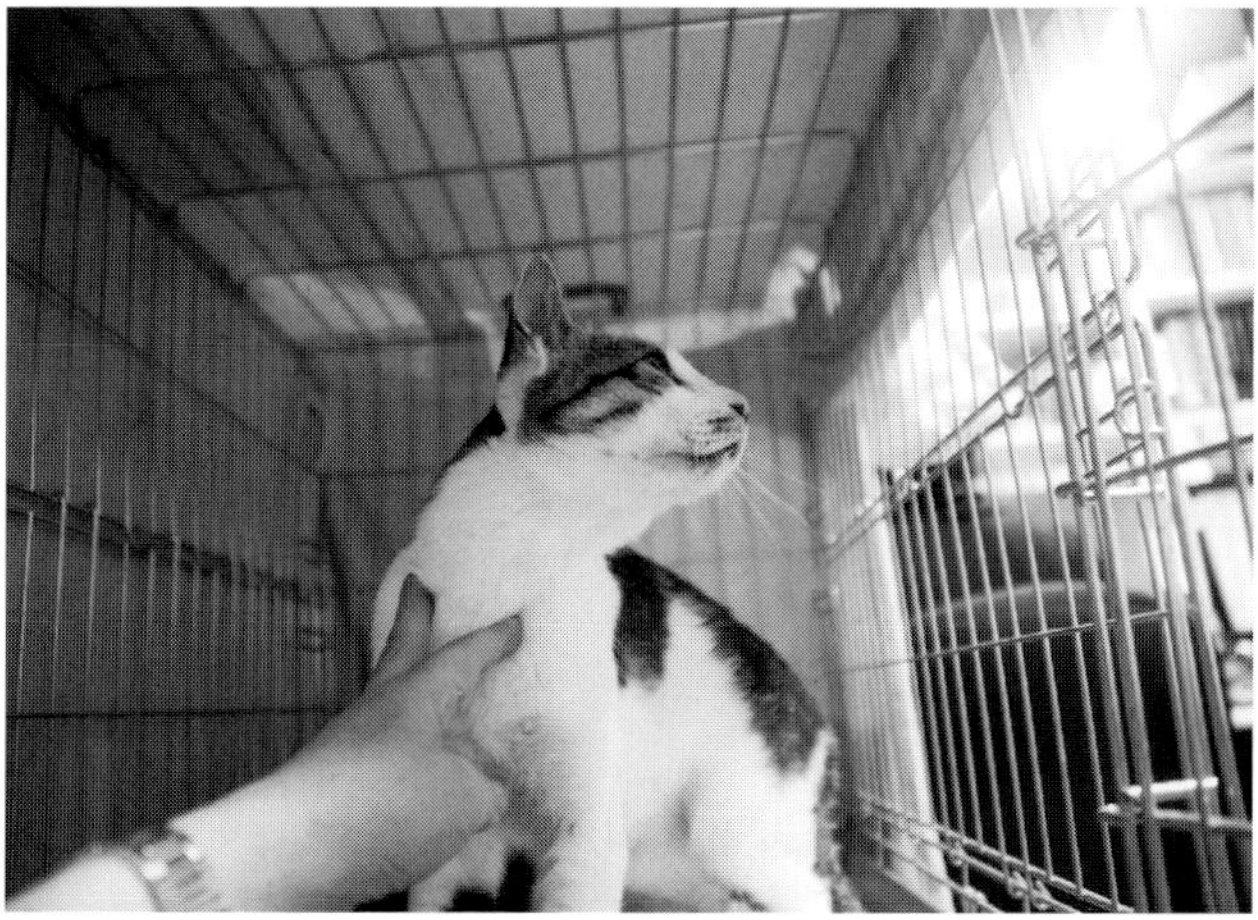

7月、検問を強行突破して警察に追われながら救援した猫は、実は、震災直後の7月から依頼を受けて捜索していた、富岡町の鈴木さん宅の「トラちゃん」だったと判明しました。

震災当時、7カ月の2匹の子猫のきょうだいでした。

飼い主さんは、2、3日で帰れるという話だったのに家に帰れず、転々として東京まで避難して住んでおられたそうです。

何度か一時帰宅しましたが、そのとき一度だけ見ましたが、その後は全く生存の気配さえなかっただけに諦めていたそうです。

助けた猫は、どうやら家を離れて1km以上移動して、HOSHI FAMILYの2号カメラの餌場まで来て運良く保護されたと判明しました。今は飼える状況ではないのですが、しばらく武蔵野シェルターでお預かりして、休日などに面会に来ていただくことになりました。

本日は、母娘で確認に来てくれました。ずいぶんと大きくなって驚いていましたが、トラちゃんも、なんとなく飼い主さんを思い出したようで、少しですが甘えているようでした（12月23日）。

●遠隔捕獲器でレスキューの「のぐちゃん」

東京からコントロールする遠隔捕獲器の開発が始まった。完成前の数カ月は、カメラだけを仕掛けて、扉を紐で手動で締めるところから始めた。

その実験の過程で捕まったのが、今東京にいる野口英世君こと「のぐちゃん」と相模原にいる「ジョニー」でした。

バリケードから侵入して、一旦、依頼先の民家にWEVカメラを仕掛ける。後は、アジトの民家でひたすら待機して動物が来るのを待つ。そして、カメラに動物が写ってから、そっと忍び足で民家の近くに行き、扉に繋がった紐を引くわけだ。

後は、民家に押し入り、ひたすら動物を追い掛け回す(笑)。のぐちゃんは、必死に逃げ回り、空中散歩の天才だったけれども、最後には、観念して捕まった。のぐちゃん、よかったね！（6月）。

そして、のぐちゃんはー

口元に、髭模様がある「福島の野口英世」ことのぐちゃんですが、警戒区域にいたのにこんなにおとなしく懐いていて、驚くほどお利口さんにしてがんばりました。

そして、遂にHOSHI FAMILYのアイドルだったのぐちゃんは、三鷹市の深澤家の長男になることになりました。今週からトライアルに入ります。

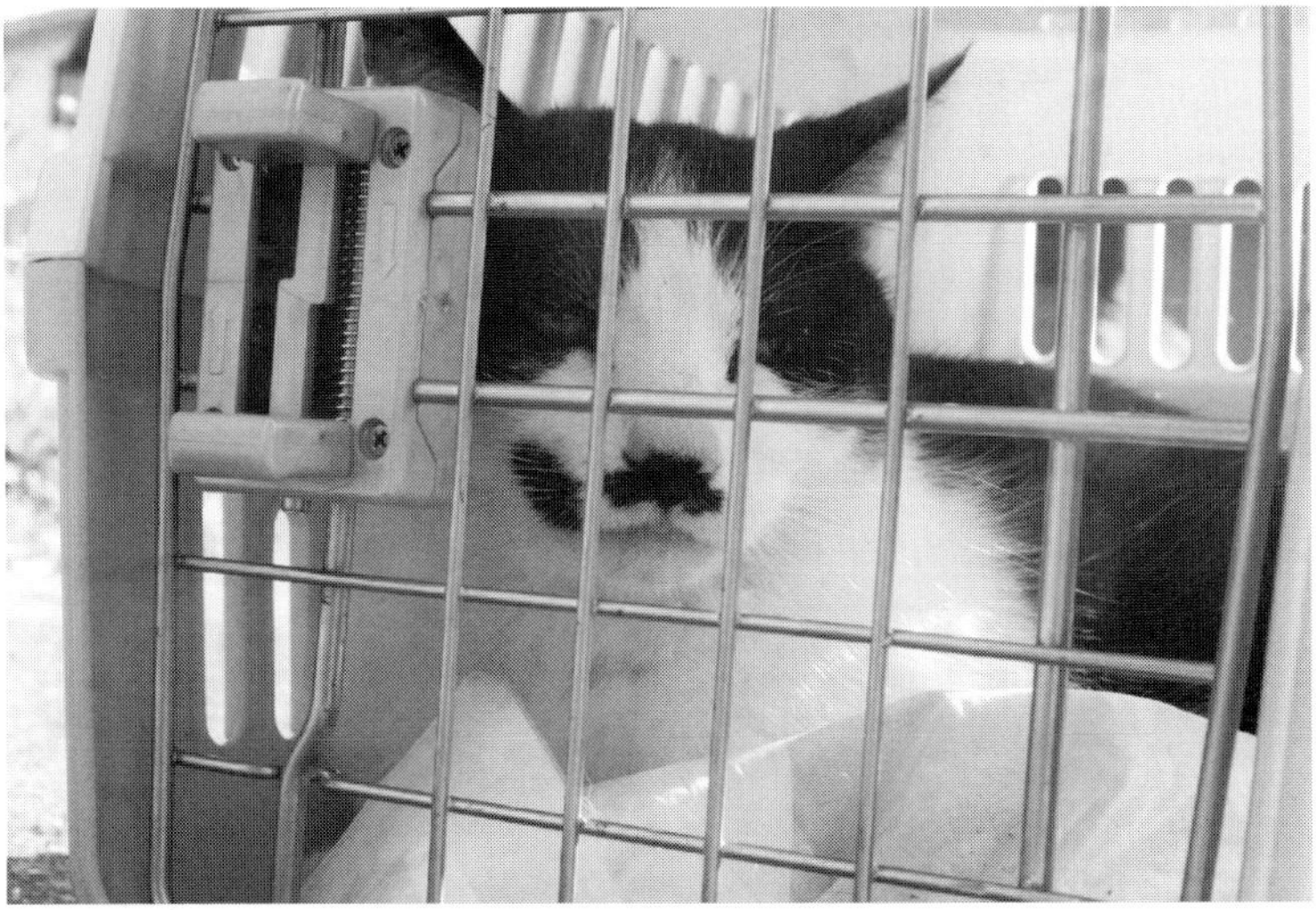

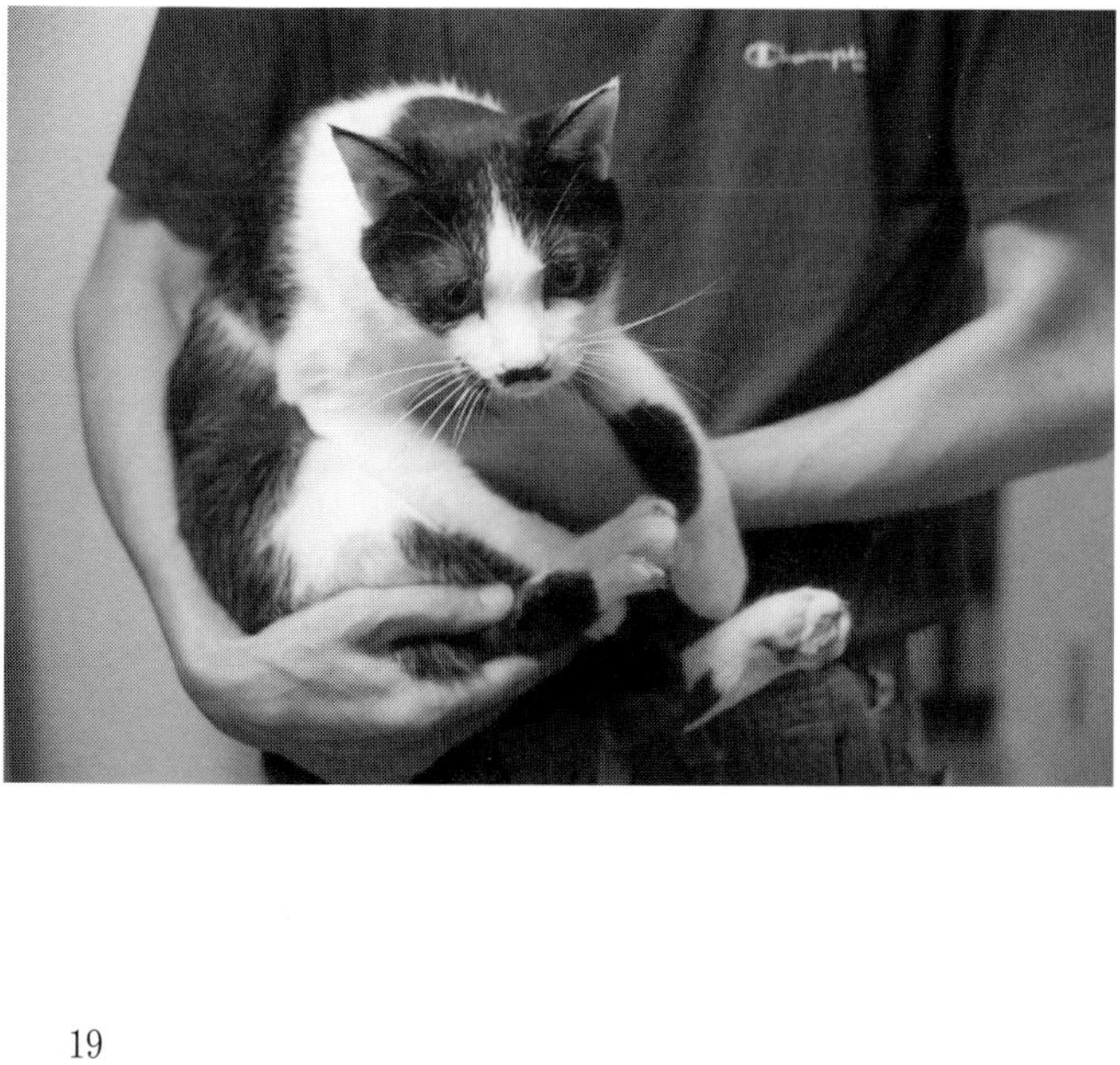

東京セレブニャンコに！

また幸せがひとつ増えました。警戒区域・富岡で発見された、ちょび髭ののぐちゃん。里親さんのところへ行きました。

野口英世君、今日から東京セレブにゃんこなります。皆様の応援のおかげです。只今、里親さんのいる深澤家へ向かっています。のぐちゃん、幸せにね！（10月27日）。

●生き残って救出された　5匹の犬の家族

一番最初の子犬（メス）を保護したのは、救援開始から一月が過ぎた7月1日でした。顔は父親似のひょうきんな顔、目は母親に似ています（左）。

この犬の両親の飼い主（警戒区域・楢葉町の永山様）は判明していますが、親は保護はされていません。父親は子犬を守るためイノシシと戦い、死亡したそうです。勇敢で性格の良い犬だったそうです。

いままで母犬と縁の下に隠れていました（左頁）。栄養失調と皮膚病の治療後、避妊して譲渡が可能です。中型犬で体重は成犬になれば、14～20キロ弱になる見込みです。

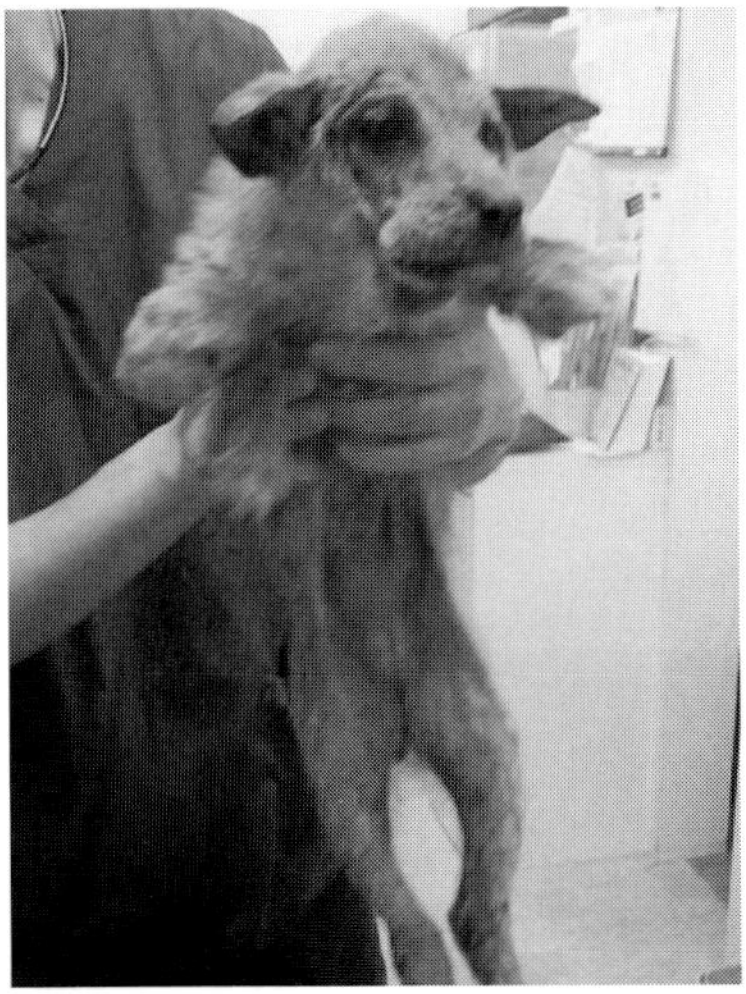

そして、7月18日、2匹目を保護

警戒区域の永山家でクロちゃん（パパ）と、ももちゃん（ママ）から生まれた2番目の保護犬ですが、ニャンダーガードの有志の皆さんが保護して東京のHOSHI FAMILYまで運んでくださいました（下）。

父犬は、イノシシと戦い死にましたが、子犬たち2匹まではなんとか保護できました。残るはあと3匹、母犬のももちゃんと子犬2匹です。なんとか今月中に警戒区域から救い出そうと頑張っています。この子2号は1号犬より大きいので、お姉ちゃんですね。

パパ似のひょうきんな顔をしています。皮膚病が酷いので、これからしばらくは治療の予定です。

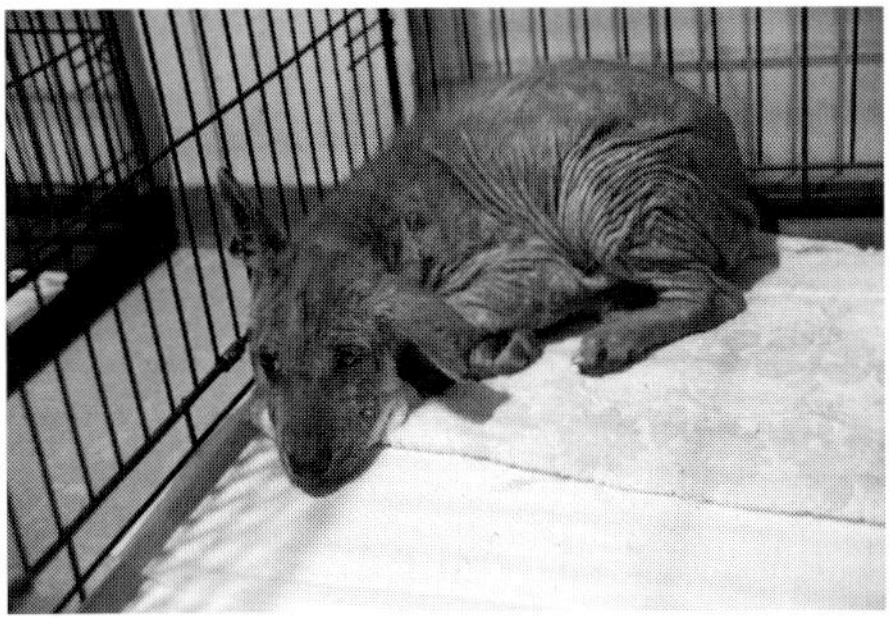

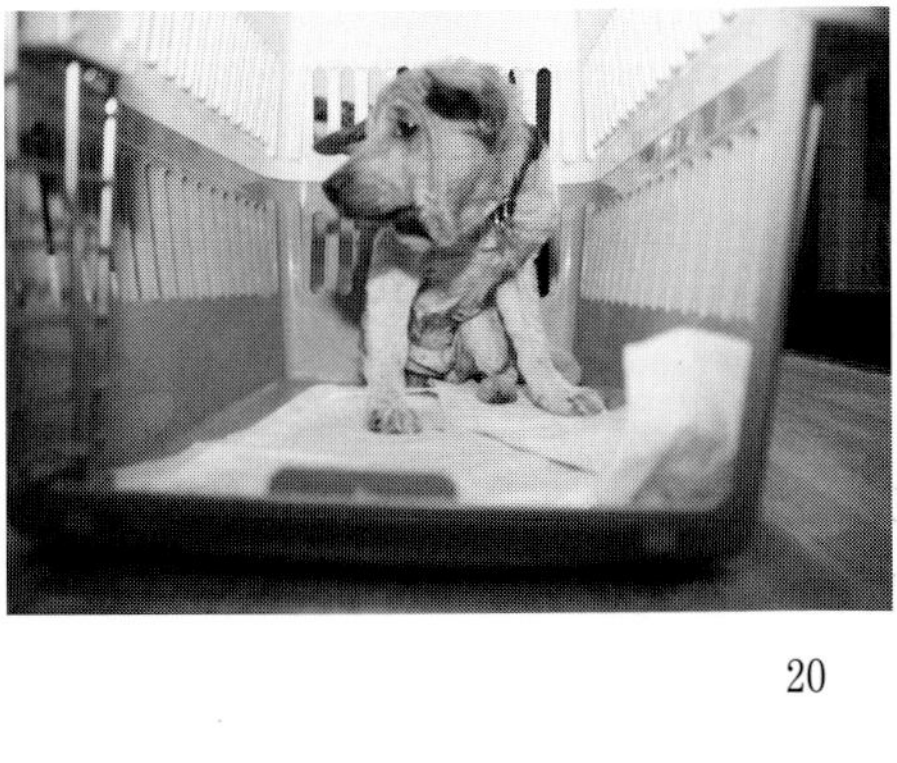

7月21日、3匹目を保護

永山家の3匹目の子犬を保護しました。既に東京に移送し、皮膚病の治療中です。

さらに、8月11日、4匹目を保護

警戒区域、永山家の縁の下に隠れていた最後の4匹目の子犬を保護しました（前頁中央）。相変わらずの酷い皮膚病状態で、毛がほとんど無い状態です。12日から隔離治療を始めます。

後は、母犬のももちゃんを保護するだけになりましたが、警戒していてなかなか捕まりません。

ももちやん、遂にレスキュー

警戒区域で1年半生きていたももちゃん、遂に保護できました。既に、ももちゃんの子犬4匹は保護されていますが、再会が楽しみです。

今夜、福島から東京に移送完了しました。ももちゃんは、とてもおとなしくケージの中でお利口さんにしています（9月2日）。

4号犬、ももちやんと再開

「お母ちゃん！」と駆け寄る……（左上）。なんと4号犬はパパ似のようで、ももちゃんに迫る勢いで大きくなっています。ちなみに死んだパパ犬は、完全な中型犬で、ももちゃんは、小型犬のフルサイズ9・5キロですが、子犬はもう8キロにもなっています（9月4日）。

■ももちゃん一家の物語

警戒区域になったとき、永山家には、3匹の犬がいたが、1匹は行方不明になり、「もも」と「クロ」という犬が生きていた。

飼い主は、原発作業員の許可証で警戒区域に入り、毎月、自宅に立ち寄っては、餌を与えてきた。住民は自分の犬が生きていることを知っても、預かってくれるところがない。そこで、無人の家で飼うことしかできなかったのだ。

1年が過ぎて、ももは妊娠し、4匹の子供を産んだ。しかし、子犬は多くの獣に狙われる。付近にはイノシシも多く、クロは、そのイノシシを追っていき、戻ってこなかった。

それから、ももと4匹の子犬たちは、外敵を恐れて、この縁の下で暮らすようになった。ももは、なかなか用心深く、縁の下から出てこない。母犬も、子犬も酷い皮膚病で、このままでは死んでしまう。

私たちは、他の組織とも連携を図り、辛抱強く2カ月間通った。子犬を1匹ずつ救助し、最後に母犬が助けられた。

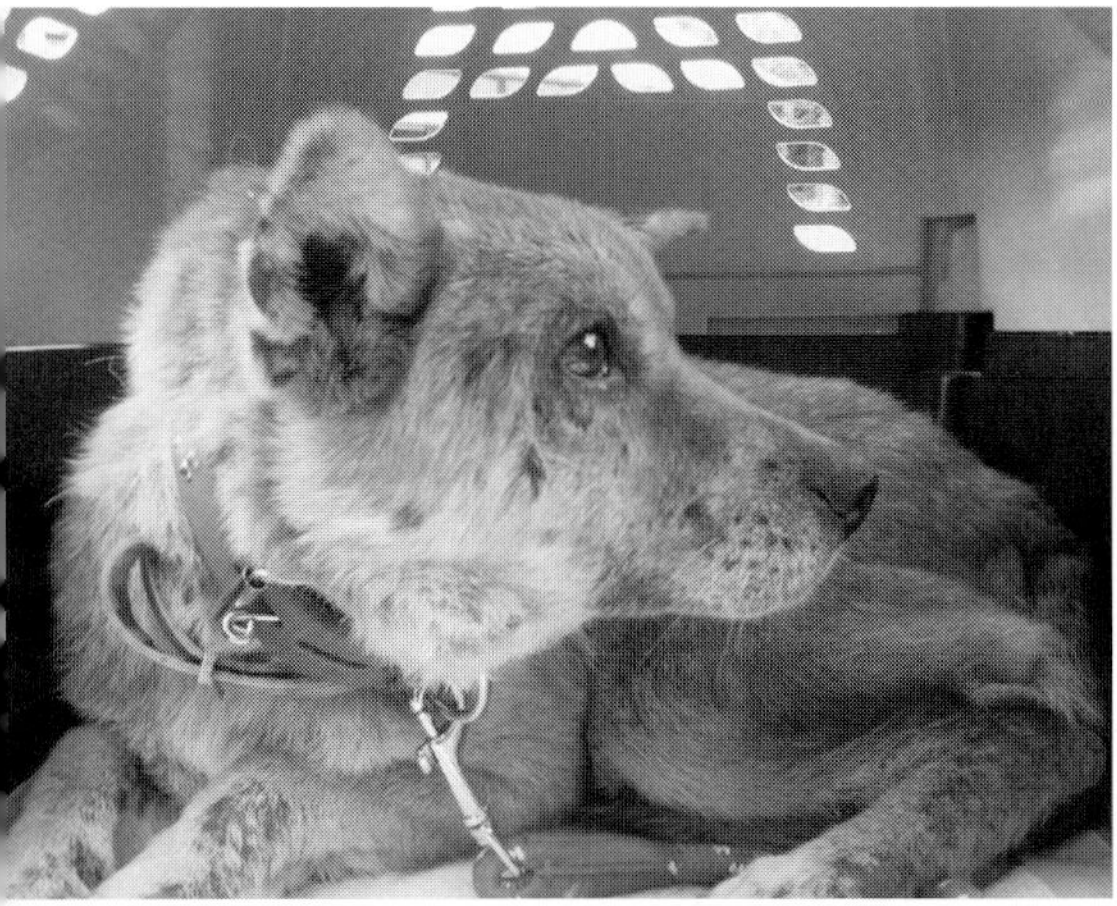

最後に救助された母犬「ももちゃん」（7月24日）

現在、ももちゃんは相模原のブライアン宅に一時預かりしていただき、子犬はそれぞれに貰われていき、幸せに暮らしている。

母犬「ももちゃん」と子犬の感動の再会（９月４日）

警戒区域で救われた「ももちゃん」の子供２号と３号は皮膚病治療が終わりこんなに綺麗になりました。９月 12 日に避妊去勢をすませ、２週間後に抜糸して、埼玉の里親様にまとめて２匹とも貰われていくことになりました。

●ボクたちを早く助けて！

■遠くで見つめる犬たち

菅総理の指令で見捨てられてから、もう1年以上がたちました。今日は福島の原発動物の慰霊祭です。

でも、私たち犬の夫婦は、見捨てられてもまだ生きています。

場所は6号線ケイズ電気の傍です。

人間様、私たちを助けに来てください（4月22日）。

■2匹で連れ添って生き残る犬のきょうだい

どうしても距離をつめられません。声を掛けると一目散に逃げていきます。飼い主さんは病院に入院中です。

何としても助けたいと思いますが、もう7カ月も通い続けているのに、未だに保護することができません（2月21日）。

■自動捕獲器に犬が入った！

遠隔捕獲器に犬が入りましたが、2匹のうち1匹しか入ってこないので一旦見逃し、2匹入るのを待つことにしました（6月18日）。

＊自動遠隔捕獲器1号機モニター（HOSHI FAMILY 警戒区域・東京監視センター）

■私は人間が怖くて近づけません！

今日は4月22日。

私はメス犬です。子どもがいましたが、育ちませんでした。今はもう1匹のオスが伴侶です。たまに人間が餌をくれますが、いつも伴侶のオスが餌を探すのが役目です。

でも、人間が怖くて傍に近づけません。

私は今、警戒区域・富岡の牛の囲いこみ柵の近くで暮らしています。

でも、できるなら、また人間に可愛がられたい。だから、人間は怖いですが、どうしても遠巻きに見てしまいます。

4月22日、1年前、私が人間から見捨てられた日です。

でも、どうか人間様、私を忘れないでください。一度はあなたの家族でした。

■警戒区域でペットの救援を要請する住民たち

警戒区域では、今でもペットを探す張り紙が残されていて、ペットの救援を願う家がちらほらみられる。写真26～27頁の住民は、飼い主が新潟に避難し、一時帰宅の度に戻って探すが、数時間しかいられないため、ペットに遭遇できずにいる。

外壁や入口のドアには、「ボランティアのみなさま　ありがとうございます！　まだ生存可能あります　えさをお願いします　080ー×××ー××××　探しています　とらちゃん」と書かれている（2月25日、富岡町）。

松本

おかえりニャン

■見つからない茶とら

震災前のとらちゃん。

どうしてもこの猫を助けたくて昨年の6月から、警戒区域のこの家にもう50日以上も探しに行きましたが、まだ保護できていません。

でも、飼い主さんは、新潟で今でも君が生きて帰ってくるのを待っているよ。今日も、HOSHI FAMILY が探しに行くよ。

ちゃんと捕まるんだよ。お願いだからね（11月18日）。

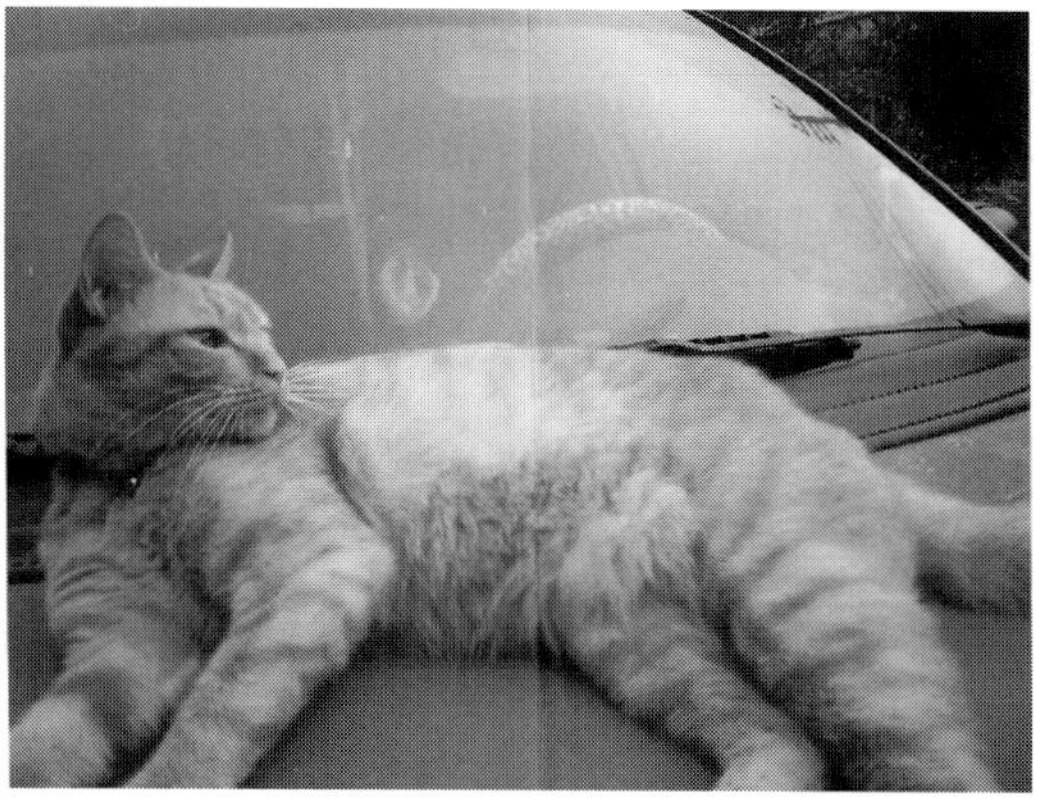

一時帰宅して泣きながらペットの名を呼ぶ住民の女性

■警戒区域の冬

福島の冬は厳しい。警戒区域内には雪が積もり、人気のない田畑や原っぱには、動物たちの足跡が続く。

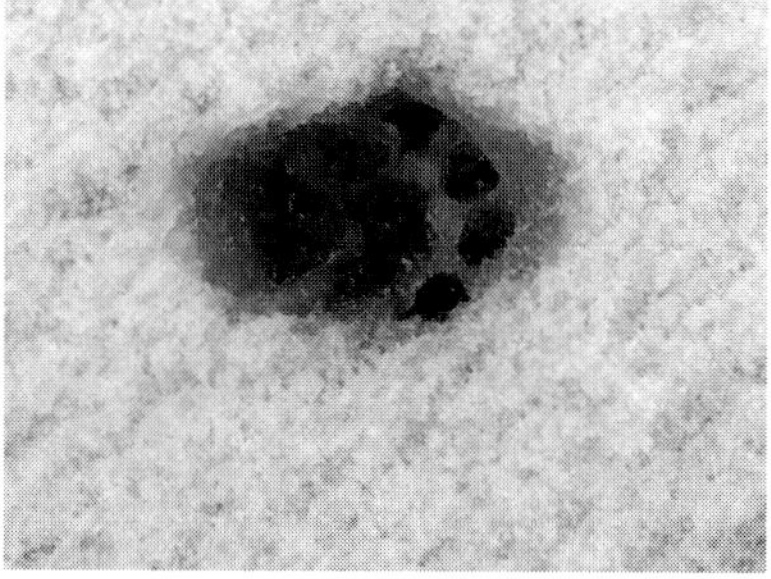

にゃんこの足跡がつづく雪道（2月25日）

冬の警戒区域の取り残された動物たちの足跡（2月25日）

交通事故による動物の轢死体（1月25日）

■大熊町「くろべえ」、亡くなって発見された！

大熊町熊川のNYさんの愛猫「くろべえ」、残念ですが、屋内で飼い主様のスエットに包まれていたのを発見しました。ご冥福をお祈りいたします（4月）。

民家の前に仕掛けられた捕獲器

●福島原子力エリアの被災ペットの現状について

政府の対応

現状を申し上げますと、福島での原子力災害避難エリアでの狂犬病予防接種登録の犬は、5千800頭と発表されています。統計によれば、接種率は全国平均で50％ですから、実際には1万2千匹の犬がいたと考えられ、猫もほぼ同数と思われます。

総数では2万5千匹以上のペットがいたと考えていますが、政府は、より少なく発表し、しかももう動物はいないという姿勢を強めています。避難生活が長く続いたため、自宅に自由に帰ることも禁止され（年間3回、数時間）、ペットロスによる自殺者や、置き去りにしたペットの夢でうなされるなどの状況が多数出ています。

すでに、福島の「どうぶつ救援本部」は、2012年1月に撤退し、地元の福島県が運営する「動物救護本部」はありますが、昨年、保護した犬と猫、わずか数百匹を飼育するだけで、実際の救援はしておりません。

「どうぶつ救援本部」には、6億5千万円もの義援金が集まりましたが、不正流用が噂され、救われた20㎞以内の動物は895匹に過ぎません。

さらには、警戒区域で救援本部の福島の責任者である、神奈川の馬場国敏獣医師による警戒区域内での泥棒事件が発覚していますが、環境省も獣医師会も知りながら隠蔽しております。

政府は、警戒区域の実情を国民に知らせないようにするため、ジャーナリストと動物保護ボランティアを重点に取り締まり、立ち入りを排除しております。これは、経済産業省管轄下の、オフサイトセンターの指令により行われています。

動物愛護運動は命を優先しますので、他の報道機関が行うような歯止めが利かず、その為に邪魔な存在となり、不法侵入する動物ボランティアが海外ジャーナリストの手引きをするというような事が続いています。従いまして、私達の活動は、不法侵入・違法行為とみなされます。

警戒区域には多数の動物が生存

HOSHI FAMILYが、8台の赤外線カメラを使い夜間監視をしてみたところ、まだまだ沢山のペットが生き残っており、首輪をしたものもかなり見受けられました。

その結果、1匹の動物を目視発見した場合、実際にはその5倍から8倍のペットが残っているという判断をいたしましたが、既に20㎞以内のそのほとんどが餓死し、現在、残るペットは犬500匹、猫2～3千匹と想定しております（猫は獲物を捕獲できるため、かなり生き残ったようです）。

動物たちは、昼はほとんど見つけることができません。体力もかなり落ちているものの、まだまだ犬も猫も夜間徘徊しております。

餌も大粒のものは食べられず、脱水症状がひどく見受けられます。

犬のほとんどは食料が無いため、免疫力が低下し皮膚病感染が激しく、野性の狸ですら死亡するものが増えています。

従いまして、現在は犬でも、ドッグフードよりもキャットフードを好んで食べるようになりました。そこで、支援者の皆様には、キャットフードを重点的にお願いいたします。

支援物資の扱いについて

1、シェルター用

私たちの組織は、個人有志の集まりで始まりましたので、まだ支援者も少なく本格的なシェルターを持ちません。犬は収容不能ですので、ボランティアの獣医師施設、NPOなどの愛護団体、個人宅への預かりをお願いし、猫のみをメンバーが家庭シェルターと称し、随時、数名で30～50匹の猫を保護して（野性の猫は保護しておりません）、身元が不明の3カ月を過ぎたものから里子に出しております。

犬のほとんどは、すぐ人間に馴染みますが、猫は凶暴化しているものが多く、保護したのちすぐに避妊去勢を行い、精神的なリハビリをしてから里子に出しています。被災動物という性格上、持ち主が名乗り出た場合を考慮して、他の愛護組織のような譲渡費用は一切頂いておりません。

リハビリ対策として、保護直後の2カ月は、常に餌を切らさないでふんだんに与えることをしております。最初の一月は体力がない子が多いので、缶詰を多く使います。

これにより飢えに対するトラウマが抜けると、元の性格に戻り抱っこできるようになりますので、その後に里子に出すわけです。今は、猫が多い関係で、できれば猫砂も支援いただけるとありがたいです。

2、救援用

日持ちのする固形フードで、粒の細かい物を希望しております。これは警戒区域内の中の餌場に置かれます。そこに動物を集めておいて、通常捕獲器か、遠隔制御捕獲器（東京から福島のカメラを監視して、飼い犬と猫のみを遠隔操作して餌場に集まった動物を捕獲しています）で捕獲します。

3、募金支援について

救援はエサだけでは、成り立ちません。餌だけお送りいただいても東京から福島への多額の移送費（交通費）が発生しております。

救援の為には毎回千km以上車で走ります。飼育費用、譲渡の為の費用なども掛かり、この1年4カ月で1千500万円ほどの支出をし、各個人メンバーの負担の赤字は700万円を超えており、さらに赤字が増している状態で最近は活動をセーブせざる得ません。

対策として、インターネットから制御できる遠隔捕獲器を開発し、東京から警戒区域を常に監視するとともに、保護の効率化を目指しております（2012年7月14日）。

全国から寄付された猫用の捕獲器

浪江町内を放浪する豚・犬の群れ（表紙カバーに使用・2011 年6月 18 日）

3・11 後の福島第 1 原子力発電所（表紙カバーに使用・2011 年7月9日）

第2章　家族と再会した動物たち

――3・11後数百日、家族との再会・里親の元へ

●黒猫ノア、遂に家族と再会

目つきがすごかった！

警戒区域で、保護当時、犯罪者のような目をしたノア（左上、11年12月18日）。当時とは、大違いで優しい目になりました。ノアちゃん、ついにニャアニャアと甘えるようになりました。

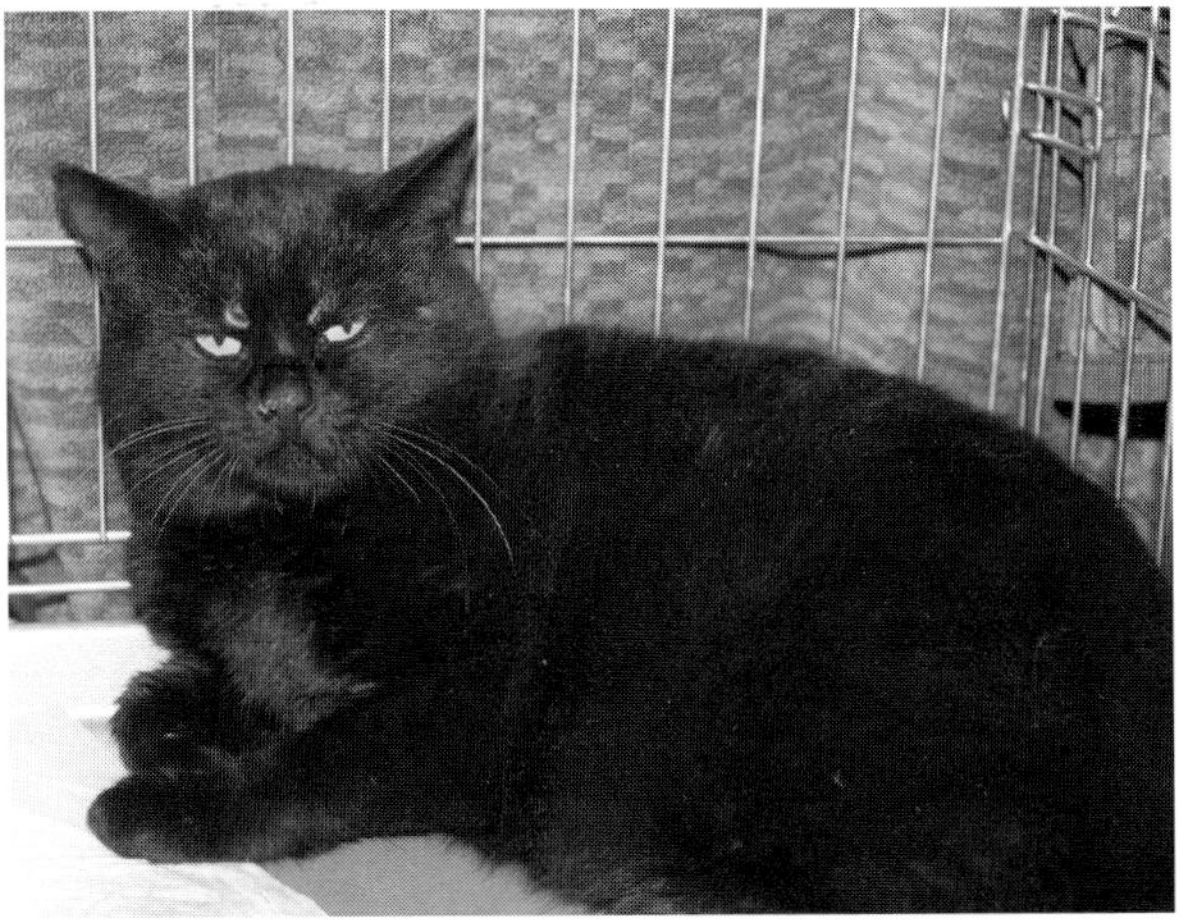

そして、来週は遂に南相馬の避難住宅に住むお父さんとお母さんに会いに行くことになりました。

1年ぶりに飼い主さんとのご対面です。

本を見て「ウチのノアだ！」

大震災の9カ月後、11年12月に保護したノア。この『見捨てられた命を救え！』の本の最後に掲載された写真を見て、家族は「ウチのノアだ！」と断言。

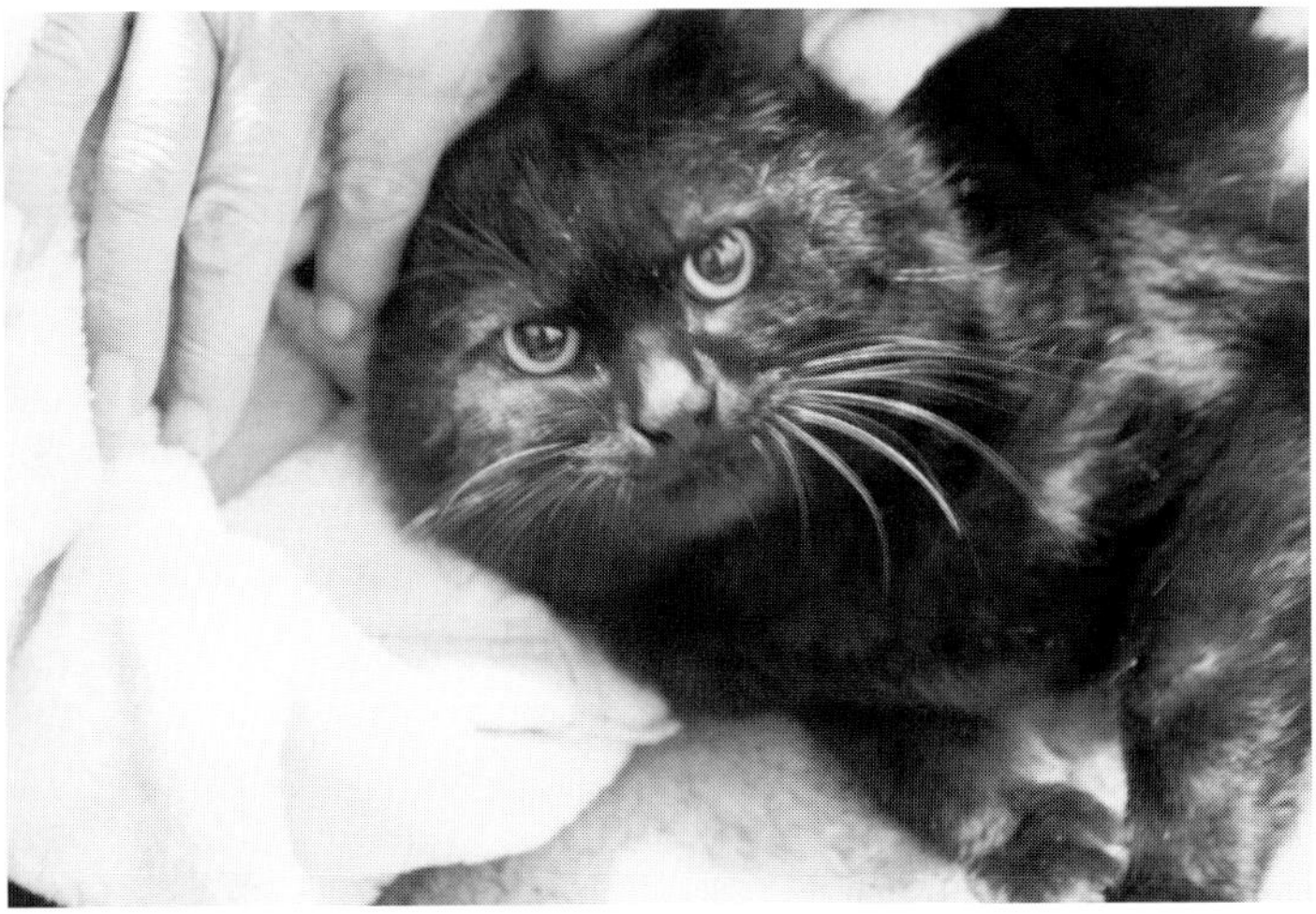

出向いた森野さん宅、ノアはすっかり家にも慣れて、こたつの毛布にくるまっていました。

見てください。震災で9カ月も放浪したあの険しい表情は消え、こんなかわいい子に戻っています（12年1月28日）。

可愛くなったノアちゃん

ご夫妻にも、インタビュー。震災後復興の為にすぐ働いたので、他の避難者の皆さんのようには失業給付を受けていないので、保証額は少ないそうです。

ここでも、「遊ぶよりは働きたい。皆遊んでいるけど、このままでは福島が駄目になる」という話を聞かせていただきました。

そして、当時自衛隊だけが、瓦礫整理や遺体捜索をしながら、動物たちに餌を与えていたという、お話を聞かせていただきました。

7カ月過ぎても、南相馬の仮設住宅には入れないご夫妻。国が建てた仮設住宅に、南相馬で働き、南相馬に役立っているはずの自分たちが、浪江町住民というだけで後回しにされているというのは残念だという話もありました。

死んだと諦めていたご夫妻にとって、ノアは心のよりどころになっていましたが、今ではご主人に腕枕して寝るそうで、ご夫妻の笑顔が印象的でした。

そして、ご主人は今でも毎日、南相馬地区の除染作業でトラックを運転していますが、いつも同じところで沢山の猫や犬を見る。そのたびにできるだけ餌をまいているというお話を聞かせていただけました（12年2月21日）。

■住民から要請の猫をレスキュー

楢葉町でレスキューしました。特徴から住民様救助要請のあった「トラ」ちゃんと思われますので、いわきの避難住居に持参し、確認したところ、13カ月ぶりの再会となりました。今夜は飼い主ご家族様、大喜びです。

そして、保護したトラちゃんをご家族の元へお引渡しいたしました。

再会したトラちゃんは、自宅で救援を待ち、わずか数%の奇跡の生還を果たしました。トラちゃん、飼い主さんをきちんと覚えていました。

思わず、レスキュー一同、涙の瞬間でした（3月16日）。

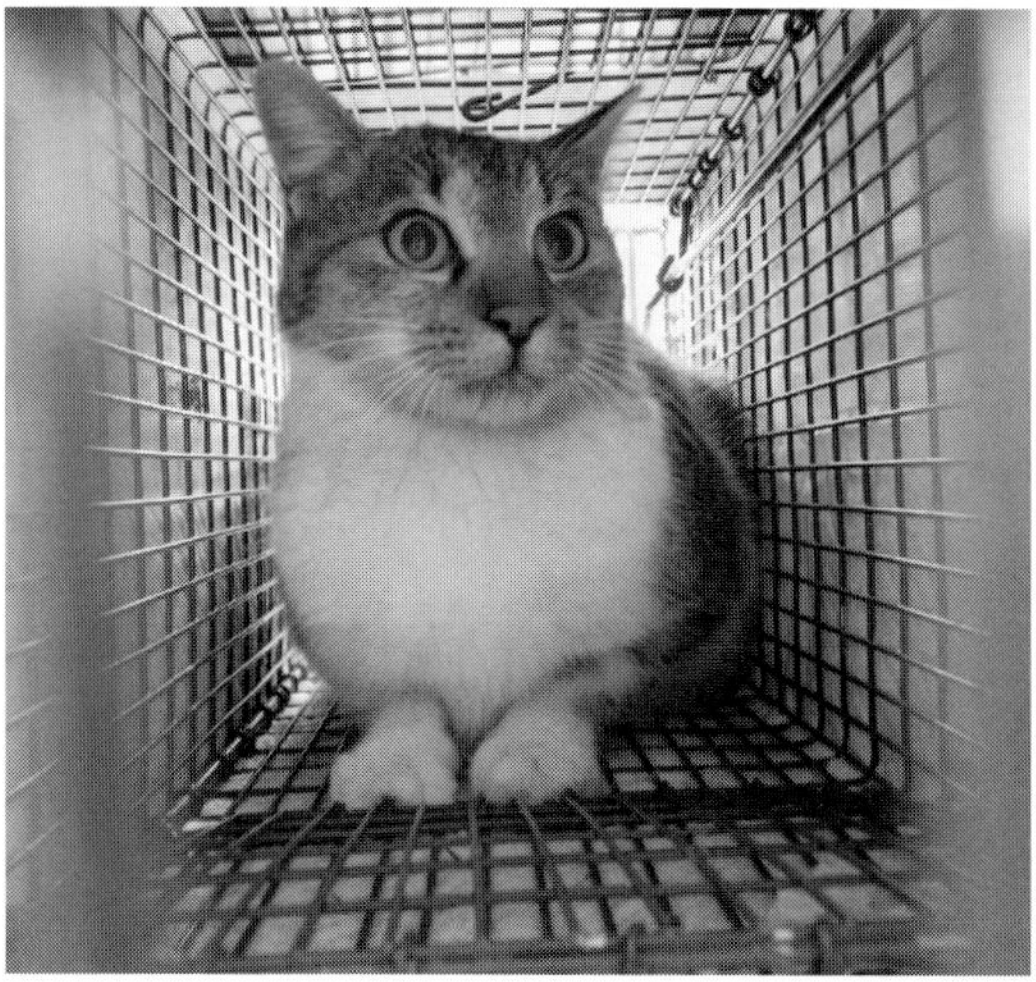

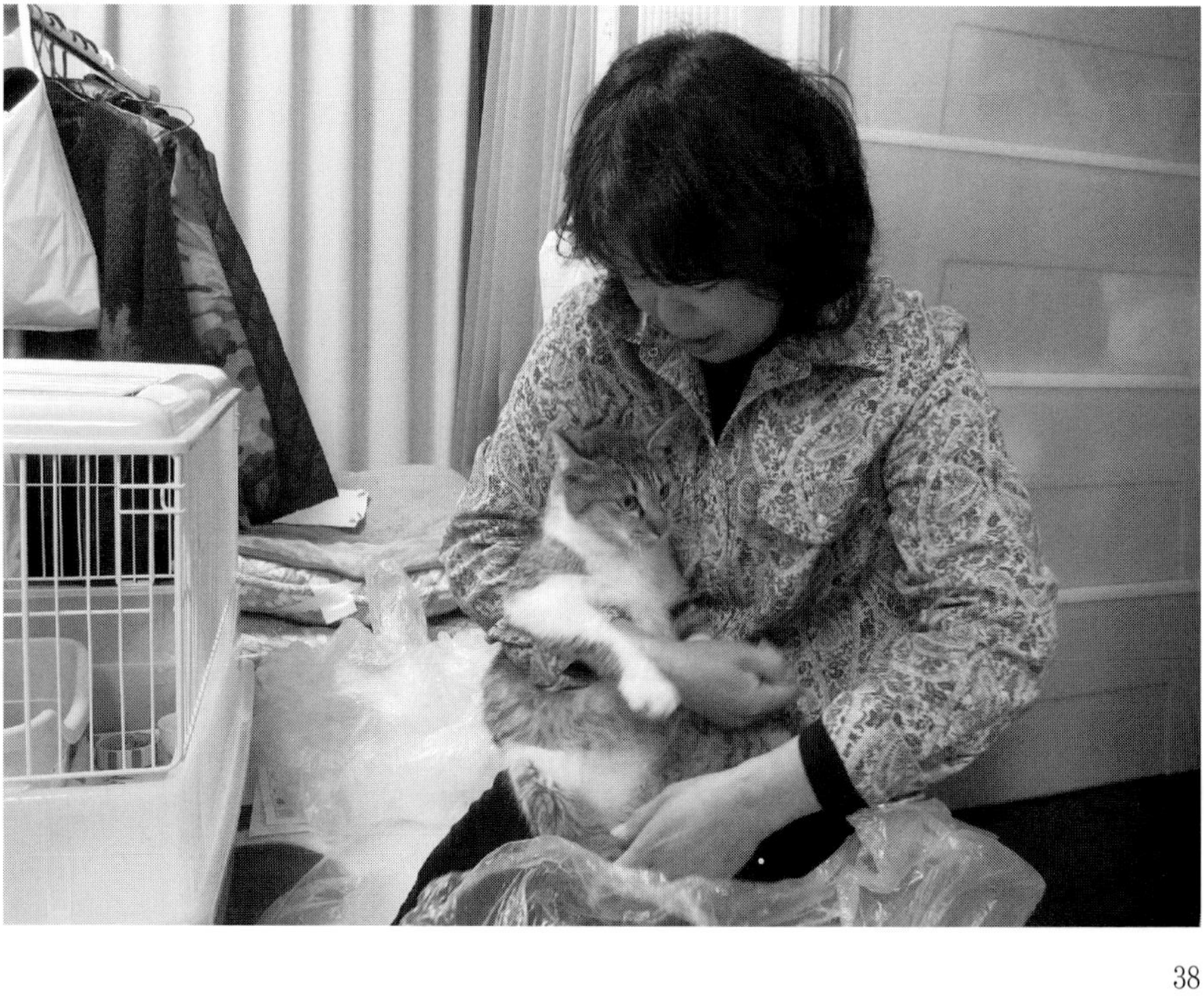

■浪江町で偶然に保護されたモクちゃん

浪江町井手で保護の、黒長毛雄の「モク」ちゃん。元の飼い主さんが判明したものの、飼育環境がなく里子に出されることを希望されました。

10匹いた中の1匹で、黒長毛は全部で3匹いて、1匹は一時帰宅時に家の中で亡くなっていたそうです。

今回生きて保護されて、とても安心されていました。

たった1匹だけの生還ですが、とても過酷な環境だったはずなのに愛想よくめちゃくちゃ可愛いコですよねー。

井の頭公園駅の写真展・譲渡会で、トライアルが決まりました。

救援後の治療とリハビリをしていただいたＡＮＪシェルターさんにも、御礼申し上げます（1月24日）。

そして、練馬区へ里子に

浪江町の山側、一緒に飼われてた猫の餓死死体が見つかった家で、隊員に偶然保護されたモクちゃん、1カ月のトライアル終了し、正式に練馬区の3人家族の子になりました！

全員が東北の被災地で、ボランティアもされている素晴らしいご家族です。トリミングはもちろん、毎日ブラッシングしてもらい、毛がツヤツヤでした。

毎晩、弟さんに抱っこしてもらって寝るそうです。モクちゃんは飼い主さんが判明していますので、飼い主さんと里親様の家での再会も、喜んで歓迎してくださるそうです（4月14日）。

●絵本になった　キティの物語

楢葉町のバリケードから侵入した我々は、一目散に大熊町へ向かった。依頼先の家に捕獲器を仕掛ける。次は近所へ餌まきに出掛ける。

ここは毎時20マイクロシーベルトもあり、警察さえもやってこない。夕方になり猫が捕獲器に入っていた。

夜になり、２km先の大熊町の商店街では見捨てられた十数頭の犬たちが、群れになりとても悲しそうな声で泣いている。

この警戒区域内の、もっとも放射能の強い大熊町小入野で、11年７月３日に救出したのが、片目白濁の短毛とら猫ちゃんだ。

そのとら猫ちゃん、元の家の呼び名キティは、12年３月、やっと元の飼い主さんが判明しました。飼い主さんは、仙台に避難されていたそうです。

現在は、作家の大塚敦子さんの家で飼われ、吉祥寺で幸せに暮らしています（７月３日）。

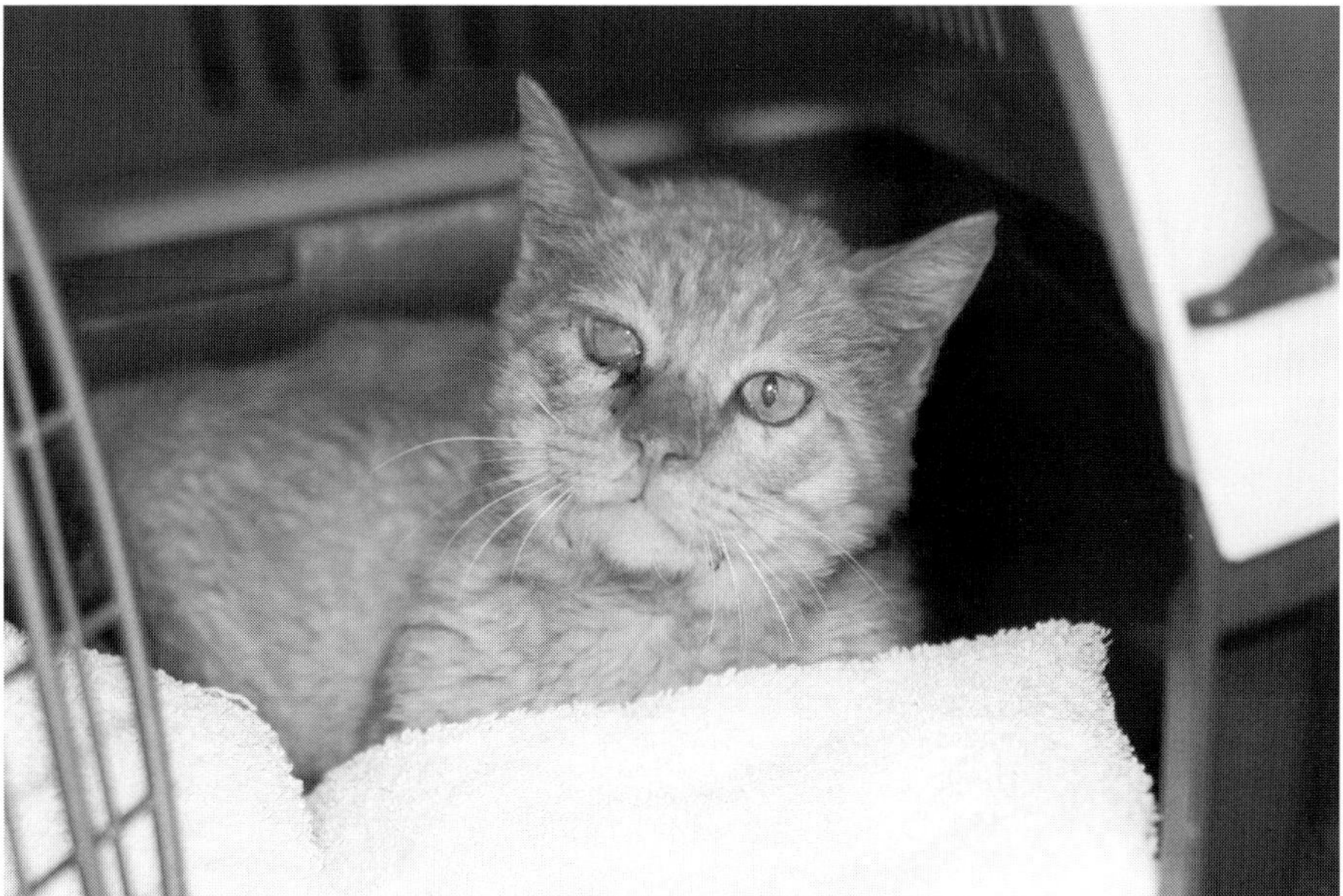

救出直後のキティ

＊11月7日、小学館からこのキティの物語が、絵本で発行されました。著者は、大塚敦子さん。
昨年、HOSHI FAMILYが、もっとも危険な警戒区域・大熊町エリアからレスキューした、片眼のキティの物語です。
この絵本は、多くの子どもたちに、原発災害の悲劇を語りかけてくれるでしょう（左の紹介記事は、２０１２年11月２日付『朝日新聞』）。

かぞくの肖像　大塚 敦子さん
福（元の名はキティ）

被災地で保護 時には「里帰り」

1月にわが家に来た福ちゃん。以前の住まいは、東京電力福島第一原子力発電所から4キロ圏の福島県大熊町です。被災した猫たちのことが気にかかり、動物愛護団体のサイトを見ていて出会いました。右目を失明し、猫免疫不全ウイルスに感染していたので、「引き取り手がいないのでは」と手をあげたんです。福島から来たから福ちゃん。幸福になってほしい、という願いも込めました。

当初、食卓にお皿を並べて食事ができませんでした。どの皿も、福が狙っていたからです。保護されるまで生き延びた4カ月間。飢餓の記憶が消えなかったようです。一方、食事どき以外は、これまで飼った7匹の猫のなかでも、一、二を争う気立てのよさ。愛されて育ったことを感じさせました。

飼い主のご一家は実際、残してきた猫のことをずっと気にかけていたんです。保護された福の写真をサイトで見つけ、愛護団体を通して連絡をくれました。一番かわいがっていたおばあさんに会ってもらおうと、5月に避難先の仙台に夫と連れていきました。元の家での呼び名は、キティ。猫は家につく、と言われているけれど、家族のことをちゃんと覚えていました。しっぽをピンと立てて、喜びを全身で表していた。おばあさんは、「よく生きてたなあ」となでながら涙を流していました。2、3日で帰れると思い、財布も持たずに避難したそうです。

いったい、いつ帰れるのか。見通しが持てないため、引き続きよろしく頼みます、と託されました。福のおかげでご縁ができた家族。これからも時々、福を連れて「里帰り」しようと思っています。

聞き手・佐々波幸子
写真・麻生健

■福は雑種のオス。10歳。右目をけがして失明したのは4年前のこと。
□おおつか・あつこ　1960年生まれ。ジャーナリスト。動植物のケアを通して人を支える試みを取材中。福を描いた「いつか帰りたい　ぼくのふるさと」を近く出版。

●里親の元へ引き取られた犬たち

■木戸駅で救援された犬「リッキー君」と命名

2011年11月、警戒区域木戸駅でHOSHI FAMILYが自転車で潜入し、そこで毛が抜け落ちた犬を救援（左）―あの体中から血を流していた犬が、こんなにフサフサで元気になりました（下・左頁）。仮住まいをさせてくれた避難住居の村尾さん、治療してくださったいわき市の安藤先生、多くの方の応援で生き延びることができました。

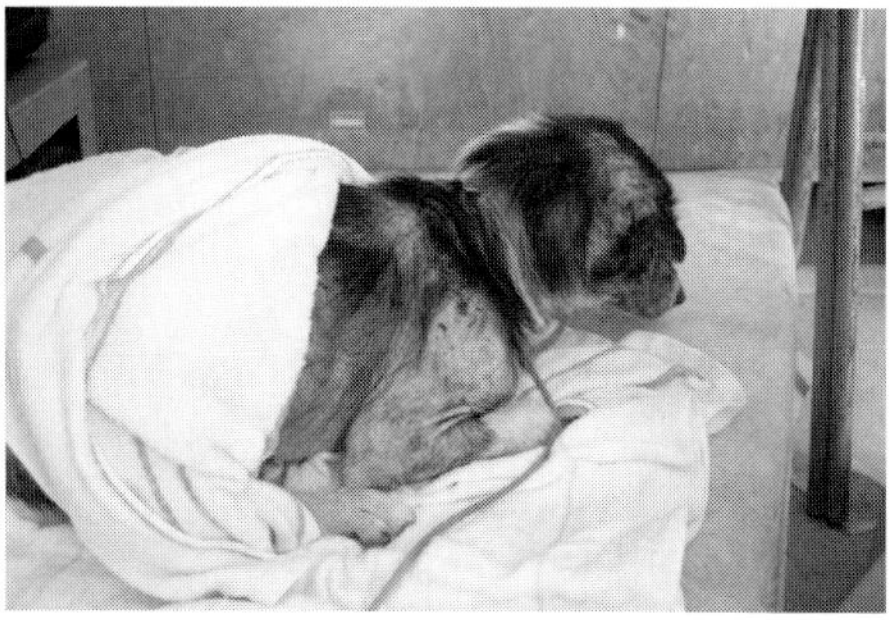

今は埼玉県上尾市で、広い庭と専用のウッドデッキからリビングが見える環境の中で、優しい飼い主さん（藤田様）と暮らしています。

昼は扇風機、夜は蚊取り線香、これ以上の環境がないくらい可愛がっていただいております。名前は「リッキー君」と命名されました。近所の子どもたちの間でも人気者になったそうです。

先日、飼い主の藤田様のご主人が、お会いした議員に被災犬を飼っていることをほめられたので、「あなたは何ができますか」と問いかけたところ、議員さんは喋れなくなってしまったそうです。

今の政治は、頭だけで全然下を見ていないというお話が印象的でした（12月8日）。

■長野の里親の元で元気に暮らす海くん

長野の松本城の写真展の後で、佐藤佳苗さん宅に立ち寄らせていただきました。

「海」くん（11年8月、富岡町の6号線近くで保護）、雪の上で楽しそうにしてました。玄関の中のサークルは2倍に拡張され、暖房マット付です。外にも広いお庭があります。長野に初めて行ったころから比べると、ずいぶんと穏やかな顔になっており、とても幸せそうでした。（1月24日）。

■ももちゃんの子ども・よん吉くん、里親の元へ

東京から5時間かけてお届けに行ってきました。警戒区域・楢葉町で、保護されたももちゃんの子供の「よん吉」君は、岐阜県高山市の空野家の息子になりました。

これまで育ててくれた北田さんにも感謝いっぱいです。北田さんが撮り溜めたこれまでの写真アルバムと、よん吉が使ったおもちゃなどをお贈りし、よん吉は、新築したばかりの空野家の玄関内の納戸、約3畳が自分の部屋になりました（9月29日）。

●里親の元で幸せになった猫たち

■楢葉町のカイトくん、中央区の築地へ

3月に楢葉町で保護した兄弟猫の、活発な性格だったカイトくん、1カ月のトライアルが終了し、中央区の築地にお勤めのご一家の一員になりました！

訪ねる度に猫ベッド、キャットタワー、ハンモック付きケージと猫グッズが、続々増えていきうれしくなります。奥さまとお電話していると、後ろのほうで旦那様が、「カイトくんにお電話ですよー」と話しかけ、カイトくんが「ウニャニャャー！」と返事しているのが聞こえました。

これからもよろしく！（5月23日）。

■武蔵野三鷹ＴＶでもお馴染みの仮称「小梅ちゃん」が「ター坊」と改名して里子へ

保護直後は、捕獲した白井レスキューに噛み付いて大怪我を負わせたり、1年以上の放浪で怯えきっていましたが、ついに元の飼い主さんも見つからずじまいです。

無事リハビリが終わり、新しい里親さんにもらわれていくことになりました。新しい飼い主さんは、「武蔵」（『見捨てられた命を救え！［ＰＡＲＴ1］』表紙の猫）をもらってくれた飼い主さんです。

これからの生涯、2匹の被災猫は、東京で仲良く暮らしていくことでしょう（8月2日）。

■ネットを見て申し込まれた
ミーシャ、静岡の里親へ

警戒区域・富岡町のMさん宅の、トラちゃんの家で保護されたミーシャ、静岡の高橋様のトライアルに出ました。先住猫の長毛黒猫ちゃんのきょうだいとして、これから幸せに暮らす予定です。

高橋様は、「とてもきれいな猫」とお喜びでした。東京から東名高速を移動中、ミーシャはどこへ行くんだろうと車内でウロウロ夜景を楽しんでおりました。

高橋様は、ネットで見て里親を申し出てくださいました。その心温まるお申し出に愛嬌者のミーシャが、応えることになりました。

途中、静岡に入ったところで、高速サービスエリアで待ち合わせていただきましたが、二度と飼い主様とはぐれることが無いように、「笑顔猫のレスキュープレート」に、ミーシャの名前を付けて見送りしました。

別れはいつも寂しいものですが、震災から1年2カ月過ぎて、また幸せがひとつ増えました（5月11日）。

里親の元へ行ったミーシャのその後

静岡に行ったミーシャの近況を知らせる携帯メールが、里親の高橋さんから届きました。

体も少し大きくなり、まったりと幸せそうに暮らしいます。とてもこの子が、あの食べ物も無い警戒区域を1年もさ迷っていたとはとても信じられないほど、幸せそうな写真です。

元の飼い主は、遂に見つかりませんでしたが、こうして救いの手を差し伸べる方がいることで、この小さな命は繋がっています（8月29日）。

［追加です］

警戒区域内で救われて、静岡に行ったミーシャの5カ月目の写真が届きました。今では、こんなに幸せそうに暮らしています。皆様のおかげです（10月4日）。

■ご高齢夫婦への里親はHOSHI FAMILYが引き継ぎます

警戒区域の中で、津波被害に遭った南相馬市小高区岡田仲川原田151付近で救援。耳が壊死して傷だらけだった白猫。

無事トライアルが終了し、武蔵野市の「嶋田ピノちゃん」として第二の猫生を過ごすことになりました。トライアル中に毛並みもよくなり、真っ白になりました。とても可愛がっていただいている様子が分かります。

数年前に、嶋田家で亡くなった白猫の「雪」ちゃんの生まれ替わりとして、「ピノちゃん」がともに暮らすことになりました。

これまで嶋田さんは、いくつもの譲渡会で高齢という理由で断られてきましたが、年齢に関係なく互いに動物と人間が共存する関係はとても好ましいものです。

ご夫婦とも80歳を超え高齢ではありますが、もし何かあっても、ピノちゃんは、HOSHI FAMILYが引き継ぐという事にして、里親になっていただく事にしました。

今は、互いになくてはならない信頼関係の中で、幸せに暮らしています（7月10日）。

■ひなちゃんとももちゃん、3段豪華ケージに

タイアン武蔵野譲渡会で、ノルウェー最大手の新聞社VGの取材を受けた大和田さんご夫婦の、2匹のシャムのトライアルが始まりました。

本日、3月3日にちなんで、シャム太郎は「ひな」ちゃん、シャム茶郎は「もも」ちゃんと改名しました。

訪ねてびっくり、すでに新居の3段ケージと豪華システムトイレが導入されていました。

2匹の満足した様子は、下の写真をご覧ください。

「もも」（シャム茶郎）ちゃんは、新居にご満悦！「ひな」（シャム太郎）ちゃんは、突然の立身出世に戸惑い気味でした（笑）。よかったねぇ～今日からは、東京セレブニャンコの仲間入りです（3月3日）。

■黒猫2匹、三鷹市へ

井の頭公園での譲渡会で、圏内別々の町の保護だったがきょうだいのように仲の良い黒猫2匹、コウちゃんとサクちゃん、トライアルが終了し、三鷹市の温かい家庭にもらわれていきました！

亡くなった旦那様が、生前遺された旅先の風景画に必ず、飼ったこともない黒猫が描かれていて、もし譲渡会に黒猫がいなければ諦めるつもりだったそうです。

旦那様が結んで下さったご縁に、本当に感謝です。お子さんたちも、毎日2匹にデレデレだそうで、嬉しいですね（6月1日）。

■子猫は静岡の里親へ

子猫は、3カ月を過ぎた時点で避妊後、静岡の花上様宅に行くことになりました（9月23日）。

■子猫の兄弟、山梨へ

わざわざ山梨からおいでいただいた土井さんですが、前回のワールドアニマルデーにもおいでいただきましたが、2匹の子猫兄弟が行くことになりました。

お引渡しは、一月後になる予定です。また2つの幸せが増えました（10月20日）。

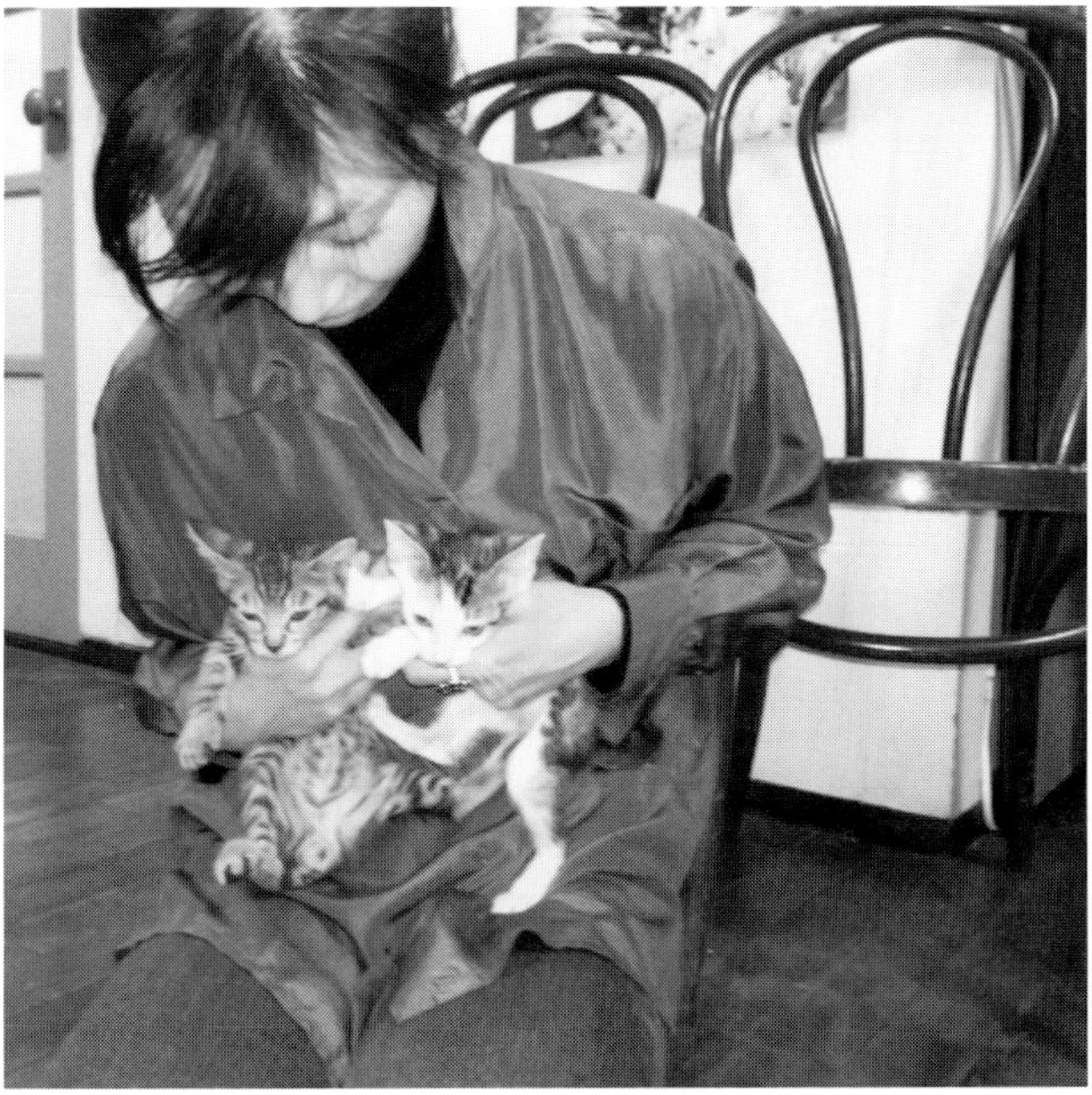

■里親の元へ行ったルルちゃん
飼い主さんが判明

武蔵野家庭シェルターにいた白地黒ぶちのルルちゃん、昨日、トライアルが終了し、杉並区のご一家に嫁入りしました！

毎日、里親さんご夫婦に、おもちゃでたっぷり遊んでもらって楽しく暮らしています。

先日、飼い主さんが判明し、来週末、里親さんの自宅で再会予定です。

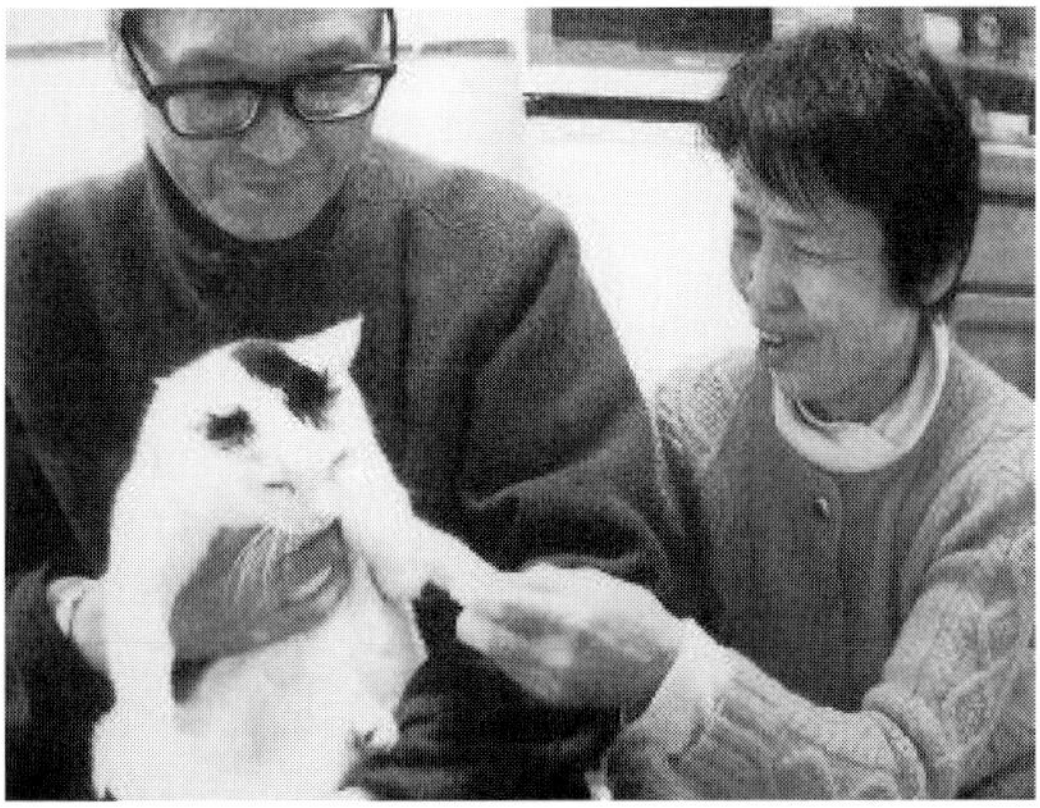

里親さんは、飼い主さんがまたルルちゃんと暮らしたいならそれでもいいし、そのときはまた別のコを受け入れますよ、とありがたい申し出を頂きました（4月10日）。

■吉祥寺譲渡会で里親へ

井の頭公園譲渡会で、東京都内・石橋様のところへ里子に行くことになりました。とても性格のよい男の子です（9月23日）。

■吉祥寺譲渡会で一押しの美人にゃんこ

井の頭公園譲渡会で、ブリティッシュ・シュートヘアーの子、小金井市の藤澤様宅の子に決まりました。性格もよく美人の子です。本日一押しの子でしたが、一目惚れしていただきました（9月24日）。

■3匹のミケきょうだい、一緒に里親宅へ

3匹のミケきょうだい、まとめて乳離れ後、避妊去勢の後に東京都内の小林さん宅へ行くことになりました（9月24日）。

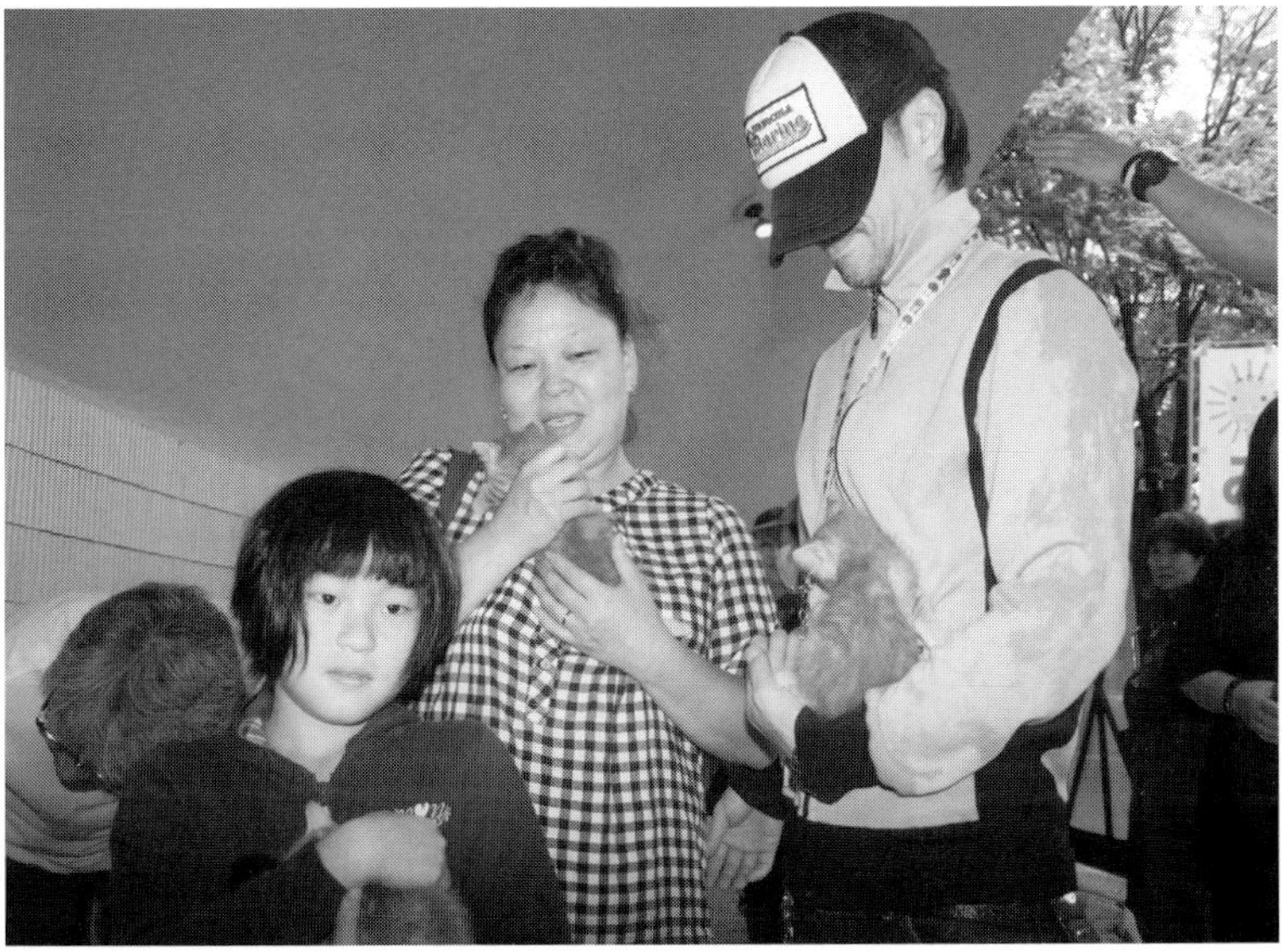

■警戒区域内の黒トラちゃん、里親の元へ

警戒区域・富岡町の仮称「タキちゃん」が、幸せをつかみました。

12年1月24日、警戒区域・富岡町の滝沢様宅で保護した黒トラ猫のメス、今まで家庭シェルターにおりましたが、1カ月のトライアルを終了し、神奈川県の自然に囲まれた一軒家の家族の元へ正式譲渡になりました！

噛み癖のあるタキちゃんを、快く受け入れてくださった大らかなご家族です。明るい奥様とタキちゃんの会話は聞いているだけで楽しくなってきます。

20代の息子さんも猫好きで、「猫には好きな場所で自由にしてもらってます」とのこと。

一月ぶりに里親さん宅を再訪すると、玄関にちょこんと座って出迎えてくれました。

その姿は、もうすっかり「この家の猫」でした。帰宅すると、いつも玄関で待っていて、夜は一緒に寝ているそうです（8月7日）。

■里親の元へ出発

武蔵野家庭シェルターから夫婦で出発、これから里親さんにニャンコをお届けに行きます（5月8日）。

■ねこ好き声優・タレント　庄野有紀さん

警戒区域・富岡町のOさん宅の要請で30回ほど通いましたが、2匹いた猫は、まだ1匹しか保護されていません。

ところが、このOさん宅でレスキューした猫のうち3匹の猫が、新人アイドルとして売り出し中の庄野有紀さんの家の猫だったことが判明しました。3匹の猫は、これから東京で暮らすことになりました（1月21日）。

＊庄野有紀さんと10カ月ぶりの「ふくちゃん」（上）、「チャチャちゃん」（左上）、「はなちゃん」（左）。

■東京・吉祥寺での
レスキューアニマル譲渡会

吉祥寺井の頭公園でのレスキューアニマル譲渡会（4月15日）

＊同・井の頭公園での譲渡会（9月23日）

同井の頭公園での譲渡会（上）と保護された猫たち（下）。（9 月 23 日）

第3章　警戒区域の中に住みレスキュー

――「殺処分」された牛、生き残った牛

●「殺処分」に抵抗する
希望の牧場・吉沢正己さん

夕方、M牧場を見学、牛のシンポジウムを終えて吉沢正己さんも帰っておりました。M牧場は、牧場内が小高と浪江にまたがっているため、浪江側入口には、すでに大きなバリケードが築かれていました（下は東京・新宿）。

希望の牧場（M牧場）入口

見学していると、浪江町側の新警戒区域内でパトカーが牧場を監視しているのが見えました。

その後、突然、警察のワゴン車が小高側から牧場に侵入してきて、「ここは警戒区域です」と職質が始まりました。吉沢さんが、「ここは警戒区域ではありませんよ。警戒区域はあそこの311と書いてあるところからです」と説明、牧場の様子を説明していましたが、警官は全員が立ち去るまで帰ろうとしません。

ともかく、千葉から届いた牧草をトラックから降ろすまでは作業をやめるわけにはいきませんので、そのまま作業を続けていました。千葉で放射能汚染された牧草は、この牧場へ運ばれ、牛たちの餌になっていますが、こうして人間たちの役に立っているという事実を、多くの方に知っていただきたいと思います（4月22日、左は牧場の入口）。

株式会社スターゼン
エム牧場 浪江農場
吉沢牧場
決死救命、団結！
反対
希望の牛達
殺処分、餓死
牛さん

決死救命
団結。

●警戒区域内に住んで動物のレスキュー・松村直登さん

たった一人で警戒区域内に

松村直登さんは、警戒区域内の農家です。いまでも警戒区域で暮らし、牛40頭とペット数匹、避難した住民の家の猫20カ所に餌やりを続けています。

これまで多くの愛護組織が、彼の知名度を利用しようと近寄っては去っていきました。しかし、彼は、どんなに利用されても、全てを自分の運命として受け入れ、今でもこの警戒区域で、数名の同志とともに動物たちの世話をしています。

彼は牛の専門家でも、ペットの愛護家でもありませんでした。しかし、誰にも負けない愛情と、人としての誇りを備えて、殺されるはずの命を政府から守り続け、その運命と戦っています。ぜひ、彼を応援してください(10月14日)。

次々頁の写真は、私が松村さん宅へ行ったときのものです。犬たちが大歓迎して出迎えしてくれました。その動物を見れば、飼い主がどういう人物なのか、想像がつきます(6月3日)。

ダチョウを守る松村さんの犬（６月３日）

牛を世話しているから　義援金を配分しない

ところで、どうぶつ救援本部が、彼のＮＰＯに義援金を配分しないことが話題になっている。理由は、彼が牛を飼っているからだそうだ。

そもそも、彼はわずかの牛が不憫で飼育しているだけだった。それをみなしご救援隊や、家畜おたすけ隊、怪しげな宗教法人までもが彼に近寄り、警戒区域内に住む彼を煽って利用し、牛を育てるように仕向けたのは事実だろう。

そんな組織も今では、すべてが彼の元を去り、牛だけが残ってしまった。彼は責任感が強いから、それでもじっと耐えて、乗りかかった船と諦めながら、保護しているのが事実だと思う。

本来であれば、被災者でもある彼を、寄ってたかって寄付金集めの道具にしてきたのは誰だったのか、そのことをよく考えてほしい。

アメリカの皆さんが支援してくれた２万ドル！　松村氏が感謝しておりました。届いたナンシーさんの手紙を翻訳させていただきました。松村氏はもし機会があればアメリカへ行き、お礼を述べたいと言っておりました（６月３日）

牛を飼うのは、大変なことだ。１頭に毎月２万円の飼料代がかかる。40頭いれば毎月80万円が消えていく。寄付金でまかなえるレベルでもない。

賄うためには牧草地の整備が急務だが、大量の野草を食べてしまう牛は、除染利権の邪魔になり、早く殺したいから、行政の協力を得られない。

それを寄ってたかって、最初は、鳥の広場とかいう誹謗中傷魔が彼を詐欺呼ばわりして陥れ、今度は、散々おだてて利用した組織が、牛だけ押し付けて用済みとばかりに去っていく。

傍から見ていると、もうお前ら寄ってたかっていいかげんにしろよと、怒鳴りつけてやりたくなる。

見捨てられた動物たちも保護

11年7月、放射線チームと称する、夏堀獣医師と泥棒の馬場獣医師が、警戒区域に入った。

2人とも、義援金配分をする救援本部とも関わりが深いからよく覚えているだろうが、そのとき、松村氏は多数の犬を保護していて、放射線チームが連れて行こうとした犬のことで、トラブルになった。

そのほかでも、彼は、見捨てられたダチョウを今でも保護しているし、今でも住民から頼まれて、20カ所近くの家に餌やりもしていて、私も警戒区域で何度も会っている。

牛は家畜だから義援金は出さない！

ところで、どうぶつ救援本部の職員は、牛は家畜だから、義援金は出さないと言ったそうだ。

あのなあ、馬鹿者！　日本の法律では、人間が飼う動物はすべてが家畜だと定義されているんだよ。都合のいいときだけ、犬がペットで牛は家畜なのか？

犬だって家畜なんだよ。だから、義援金を払わないという理由は失当なんだよ。お前らは、人の善意の金を集めておきながら、都合の良い奴にだけ回す。

その証拠に、松村氏の犬を盗もうとした放射線チームが、たった2日の救援で200万もの義援金をもらって、松村氏が0円なんだよ。

挙げ句、警戒区域で泥棒までした馬場獣医師は、お咎めもなく、三春の30匹しか入らない小シェルターを作り、特権を利用して義援金をたんまりとネコババしたではないか。馬鹿言ってるんじゃないよ（6月）。

信濃毎日新聞　2012年（平成24年）7月10日　火曜日　14

ここで生きることが闘い

警戒区域　動物保護の男性

福島・富岡町

家畜たち苦しめるのは人間のエゴ

一時帰宅の住民に頼まれて

一時帰宅した住民（左）に頼まれ、ポニーを保護する松村直登さん（中央）と遠藤カズオさん＝6月22日、福島県富岡町

保護したダチョウや犬に囲まれながら、衰弱した子牛に哺乳瓶でミルクを与える松村さん＝6月23日、富岡町

飼育施設に置き去りにされたまま餓死したダチョウ（手前）と生き残ったダチョウ＝5月20日、福島県大熊町

警戒区域内の居住者　福島第1原発から20キロ圏内の警戒区域は、避難指示を受けてほとんどの住民が域外で暮らすが、現在も富岡町の松村直登さんを含め、数人が域内に残っている。松村さんのほかは、年老いた親を介護しながら自宅で暮らし続ける道を選んだ人など家庭の事情による。関係自治体は引き続き区域外避難を求める一方、自治体職員が時折、水などの生活物資を届けている。一部の自治体は「あくまで特例」としつつ、警戒区域内の通行許可証を交付するなど事実上居住を容認している。

松村さんの特集をする信濃毎日新聞（7月10日）

松村さんの犬、ダチョウの羽をくわえて遊んでいます！（6月3日）

●松村さんに1年半ぶりに救出された奇跡の犬

警戒区域内・富岡町に住み、動物たちの救援を続ける松村さんが救った犬「奇跡」君は、本日から東京都犬になりました。全ての牛が餓死した牧場で、牛の干からびた死肉を食べて1年半も生き延びたこの犬は、発見当時は既に立ち上がることさえ不可能な状態でした。

現在は、HOSHI FAMILYの隠れメンバーでもあった北田映画監督の家で保護され、この後、「奇跡の犬の物語」として映画化する計画だそうです（11月14日）。

松村直登と老犬（北田直俊監督ブログから）

警戒区域にて餓死した牛の干し肉と泥水で1年半も餓えをしのぎ、8月に松村さんに保護されたキセキ君。

冨岡町も冬になり、松村さんも他の動物たちの面倒でてんてこ舞いなので僕が東京の家で飼うことになりました。11月4日、キセキ君を引き取ることにした。松村さんも他の動物たちでバタバタだし、福島も朝晩はめっきり寒くなったので、老体にはキツいだろうと判断しました。

8月19日に誰も入れない牛舎に1年半もの間、閉じ込められ、仕方なく餓死した無数の牛たちの干乾びた肉と泥水を舐めつづけ辛うじて命を繋ぎながらも、過酷過ぎる状況故え力尽き、絶命寸前に偶然にも松村さんに保護された1匹の老犬・キセキ君。

よく誤解されるのだが、キセキ君はさすらいの果てにこの死臭漂う牛舎に辿り着き、飢えを凌いだと思われているが、実際はこの牧場主に数百頭の牛共々、見捨てられ幽閉させられていたのだ。

牧場の唯

一の入口は3トントラックで塞がられ、人も犬も出入り出来ないようになっている。僕は、その事実に言い様のない怒りを覚え、松村さんにこういった。

「福島県民が被害者だって？　この見殺しは東京電力そして国・政府、ボンクラ官僚と全く同じじゃないですか！」と。

　松村さんは小さく頷き「そうだなぁ……」と力無く呟いた。

　この惨状は結局、それ以上でもそれ以下でもないのだ。

　そして、世界中で永遠に続く紛争の歴史も結局はそういう事なのだ。

　特定の誰かが悪い訳でも、誰かが正義な訳も無い。

しかし、松村さんは、そんな絶望に立ち往生してる僕に本当の真実を伝えるためではないだろうが、その老犬を抱えて、牛舎の唯一の出入り口に向かった。

　僕は、ただ松村さんの後をついて行くしか手立てが無かった。そして、松村さんの、

「これも運命だ！　助けてやるべ！」

という言葉が、ずっと脳天に突き刺さるようにリフレインした（『ええかげんな奴じゃけん』映画製作者・北田直俊の活動を報告するブログです。11月11日）。

＊あれから2カ月半が経過しキセキ君は、皮膚病も脱水・栄養失調も改善した（右頁・上。左は北田監督）。

●警戒区域内の もう一つの「希望の牧場」

福島第一原発にもっとも近い大熊町に、5月15日、池田牧場が誕生しました。

牧場主は、約40頭の牛の所有者で池田さんご夫婦です。

●ペットオーナー共同所有の牛のしげみちゃん！

HOSHI FAMILY の新しいメンバーが増えました。名前は「しげみ」ちゃんです（下）。

日本を代表する、3頭の優良血統を受け継いだパパから生まれました。２０１０年11月22日生まれの女の子です。このたび、日本で初めての警戒区域育ちのペット1号として、仲間の為にも頑張ることになりました（5月20日）。

★しげみちゃんから一言

「私は、しげみです。震災の少し前に大熊の牧場で生まれました。そして、3月11日からずっと警戒区域を放浪して、ママと一緒に育ちました。

最近は飼い主さんも毎日、餌を持って来てくれます。私の飼い主さんは、もう牧場をやめてしまうそうです。でも、私たちは絶対殺さないと約束してくれました。

飼い主さんは、私を HOSHI FAMILY に売りました。今日からは HOSHI FAMILY が新しいパパです。そして、私は将来、警戒区域を出て、ずっと幸せに暮らせるところに行くんだよと言われました。

全国の皆さん、世界中の皆さん、よろしくお願いします。「しげみ」を可愛がってください。

●皆様に大切なお知らせです。なんとか牛をペットとして保護する見通しを付けました。そこで、皆さまから、毎月の額、1口¥500～¥1000円でこれらの牛のペットのオーナー様を募集します。概ね10名程度で1頭の牛を生涯面倒見るのです。牛は観光や農地の雑草狩りなどの新しい分野での転用も考えています。たとえば、荒れた雑草地の草刈りに牛をレンタルしたり、子どもたちの体験農場なども企画できます。これは、オーナー制度を利用した保護活動であります。写真上は、大きくなったしげみちゃんです（9月25日）

■牛のペット化についての　農水省からの回答

本日農水省から、回答がありましたので、見解を公開いたします。

①家畜とペットの相違について

牛がペットであるか、家畜であるかについては法的判断が分かれますが、農水省の見解では家畜との事です。

②牛の所有権については、売買契約が商法上成立している事から、所有権に関する争いはないものと考えられます。

③警戒区域解除の牛については、餌やりが認められていますが、現在の警戒区域の牛については、明確な発表はなされていません。原則殺処分の方向ですが、実務的には、大熊などの警戒区域の牧場主に暫定的に餌やりを許可しているのが現状です。

④HOSHI FAMILYへのオフサイトセンターからの排除命令については、牛の保護の観点から、農水省ではオフサイトセンターに許可を求めることは可能であるはずだとの見解をいただきましたが、これにオフサイトセンターが応じるかについては不明です。大熊町役場からも、オフサイトセンターが認めるのであれば、公益立入を許可するとの回答を得ました。

⑤牛の警戒区域外への搬出については、一部の研究機関に認めたことは農水省も認めています。したがって、今後の争点は、牛が食されないという保護状況と風評被害をもたらさない事を前提に受け入れをする他の地方地治体の賛同を得て、協議し、保護していくしかありません。
⑥総理の、殺処分の指令については、政策の一環としての処置ですが、各行政機関は、その指示に基づいて行動しています。しかし、国民から見れば、あくまで内部通達に準ずる行為ですので、農水省の見解が正しいとは限りません。総理の災害対策本部長としての指令に法的問題が無いかは、別問題です。従って、今後訴訟の可能性もあります。
⑦当面は、すぐ訴訟ではなく、署名運動などを経て、保護を求めていく必要があります。
⑧牛の交通事故多発については、これまでに100件弱の事故がありますが、農水省もそのほとんどが、東電関係車両が事故の原因であることを認めて、パトロールの強化を求めているそうですが、パトロールでは事故は防げません。そこで、警察庁および、オフサイトセンターに警戒区域内6号線のスピード取締り測定を求めたい考えです。
⑨牛に草を食べさせる、除染行為については、効果が証明できない、土地が痛むなどの理由で、許可する予定はないとの事です。
⑩現在のところ、殺処分に同意しない牛については、殺す措置は行わないとの見解です。

今後の署名運動、牛のしげみちゃんの他県の各自治体への応援要請、飼育施設の準備などで資金がかかります。皆様の善意で応援いただければ幸いでございます（6月7日）。

★「しげみちゃん」の署名運動がスタート

しげみちゃんを助けてください。ペットにして救う署名をお願いします。全国に広げてください。

指をさしているのがしげみちゃん（9月25日）

●放浪する牛と「殺処分」された無数の牛

子牛たちのこと

警戒区域では、人工授精された母牛から子どもがたくさん生まれていた。人間を知らない子牛の姿は、無邪気で愛らしい。しかし、こんな小さな牛でさえ、「殺処分」の対象だ（74頁）。

囲い込み柵の中に餌を置いておくと、ボス牛に続いて群れの牛がぞろぞろと続いて入ってくる。あとは、扉を閉じて捕獲される。それから、「殺処分」の日まで牛は、餌ももらえず放置される。牛は大量の汚物を出す。

次第に地面は、汚物の泥沼となり地面に寝ることすらできなくなる（下・左頁）。子牛は、「殺処分」の前に汚物にまみれて死んでいく。国の方針という名目で、なんと酷いことをするのだろう。やっていることは悪魔と変わらない。あの汚物の悪臭と泥沼、それでも、人間に助けを求める牛たちの目、まともな人間なら気が狂いそうになる。

それをあいつらは、黙々とやってのける。あのチェルノブイリの原発事故でさえ、家畜は国益だと言って避難させられたのに、日本では鬼どもの手によって皆殺しにされてしまう（4月）。

ベロが外へ出てしまい、食べ物も飲み込めない。紐を切ろうとするが逃げ回る牛（3月 12 日）

口元の綱を切るため、「もっと近くにおいで」と呼びますが、警戒して近付きません。牛の汚物でぬかるんで、なかなか身動きがとれません（3月 12 日）

■「殺処分」で殺された膨大な牛の群れ

何万もいた牛のほとんどが「殺処分」され、逃げ延びた牛は、密かに隠れて単独で暮らしている。

もう群れで行動することもできず、仲間のいなくなった警戒区域内で、人間から隠れるようにして生きている。牛は利口な生き物で、仲間が殺されるとその恐怖を感じるという。

私たちには、「できるだけ人里から離れて生き延びるんだよ……もう人間には近づいてはいけないよ」と願うことしかできない。

最初、君たちは、どうせ餓死すると放置されていた。そして半数は死んだけれども、残った牛は原野の自然の草を食べ、1年も生き延びた。

2012年3月から、除染の試験が始まり、再び牛の問題が浮上してきた。牛が警戒区域の草をみんな食べてしまっては、ゼネコンの莫大な利権を脅かす。金のためには牛は邪魔な存在なのだ。政府の判断は簡単だ。

「牛を殺せば、ゼネコンが儲かる」という訳だ（4月）。

囲われた柵に追い込まれ、殺処分を待つ牛たち（上下とも富岡町・１月７日）

「殺処分」用の牛の囲い柵（3月 12 日）

「殺処分」で牛がいなくなった牛舎（3月 12 日）

■3・11後、2年目の牛たち

震災から2年目に入り、牛舎で餓死していった牛たちはもう毛皮も朽ち果てて、骨だけになっている。

あのとき牛たちは、訴えるような目で人間を見ていた。「どうか助けてください。食べ物をください」と懇願するような眼差しで、私も見つめられた。あの大きなつぶらな瞳を、今でも忘れられない。

何頭かは逃がしたけれども、あまりにも数が多くて逃がしきれなかった。多くの牛たちは、牛舎から出ることもなく、自らの汚物に膝が隠れるほど浸かり、死んでいった。それは、人間で言えば、肥溜めに落とされて餌も水も与えられず死んでいくのと同じだ。1頭が倒れると、他の牛が寄ってきて、その汚い体をいたわるかのように舐める光景が異様だった。そして今は、汚物も体も全てが干からびて、骨だけが残っている（次頁）。

牛が餓死したあと、汚物が乾燥し腐った体が現れる。それを生き残った犬が、猫が、カラスまでもが食べに来る。大きな牛の体は、ミイラ化して骨と皮だけになり、それを他の動物がくわえて持ち去る。牛の体はバラバラになり、破片だけになる。

あのチェルノブイリの原発事故でさえ、家畜は国の財産だとして逃がされた。しかし、日本ではどうだろう。すべてが餓死させられた。

「菅直人のバカ野郎、一番弱い者たちを救えもせずに、なにが総理大臣だ」と、そのあまりにも無残な死に、私は泣いた（3月12日）。

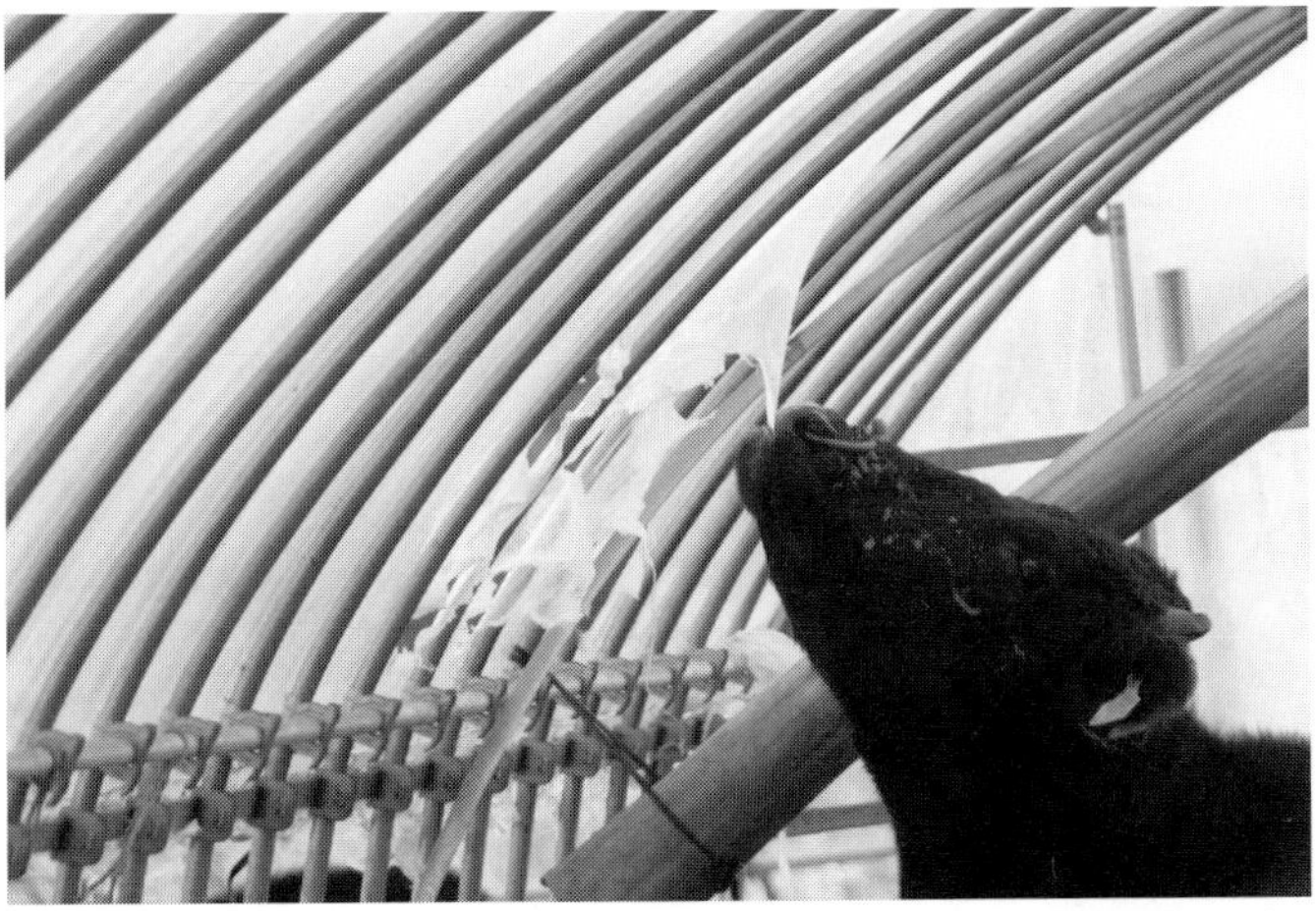

3・11一周年追悼式典でTV中継車が警戒区域内に入る前に、牛の囲い込み柵にいた牛たちは、一旦人目のつかないところへ移送された。牛たちはビニールハウスの中に見えないように隠され、牛は汚物で座ることもできない状況で、わずかばかりの餌を与えられていた。飢えた牛の中には、ビニールハウスのビニールを食べる牛もいた。式典が終わり、3月中旬からは、「殺処分」に持ち主が同意した牛と同意しない牛に分けられ、同意された牛はここから牛の埋め立て予定地に運ばれ、順次殺されていった（3月11日）

＊右は3・11後1年目の牛舎。上は、2011年11月、飢えで牛が餓死した大熊町の志賀ファーム。

＊牛舎用に、ソーラーをポンプ小屋の屋根に固定します。500wのソーラーパネルをNO―GOZONE牧場に付ける計画です（4月19日）。

＊上の右側が電気柵用のソーラー、左側が井戸のポンプを動かすために用意したソーラーです（4月19日）。

写真上の牛たちは、いまでも飼い主の事を忘れない。夜になれば必ず自分の生まれた牛舎に戻って夜を過ごす（2012 年 1 月 30 日）
写真下の牛を撮影した時、右側は耳標が付いているが左側は付いておらず、鎖が首に巻かれていた。捕獲されそうになり逃げてきた牛なのだろう（2011 年 11 月 30 日）

写真上の牛は、仲間のいなくなった警戒区域で人間から隠れるようにして生きている牛（5月20日）
人が近づくと、牛は近くに寄ってくる（写真下）。飼い主が恋しいのか？　牛は利口な生き物で、仲間が殺されるとその恐怖を感じるという（5月20日）

小さな牛舎で成牛になるまで人間の家族から育てられていた牛には、それぞれにきちんとした名前が付けられ、いずれ人間たちに食されるとしても生きている間だけは大切にされていた。ある日、人間たちがいなくなり多くは餓死したけれども、一握りの牛たちは畜主によって逃がされた。メルトダウンした日から11カ月も牛たちは生き延び、自然の中で生きている（5月20日）

●逃げ延び放浪するなか、交通事故で死んでいく牛

東電車両による事故が多発

警戒区域内でよく見るのは、牛の道路横断である。これまでに牛との衝突事故は、100件以上もあり、事故にあった牛は死んでいく（下は交通事故死した牛たち）。

その90％以上は、東電関係者の車両との事故だと言われるが、警戒区域を我がもの顔に飛ばす東電車両を、警察はスピードの取り締まりもしなければ、牛をひいた東電車両が取り調べを受けることもなく、検問から出してしまう。

事実上、警戒区域は、保安院と東電が仕切る特殊エリアになっている。

2012年3月から、牛の本格的な「殺処分」が始まった。なぜ、今まで放置していた牛を、今さら殺す必要があったのだろうか。後からよく考えると、その意味が分かってきた。

それは、

1、東電車両と事故を起こす牛が邪魔であること。

2、本格的な除染が始まり、これまでのように牛に草を食われると、ゼネコンに回す仕事が減る。

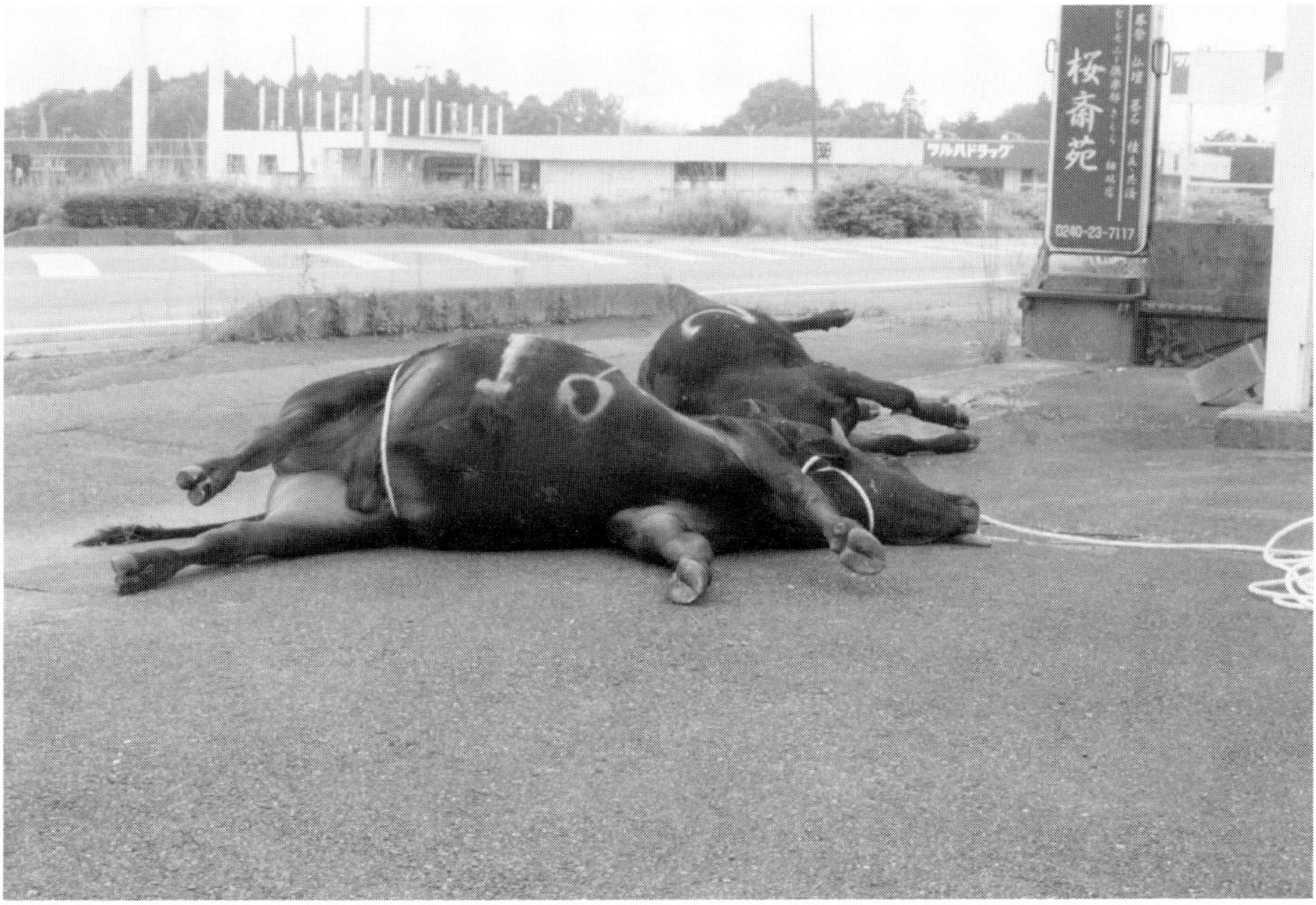

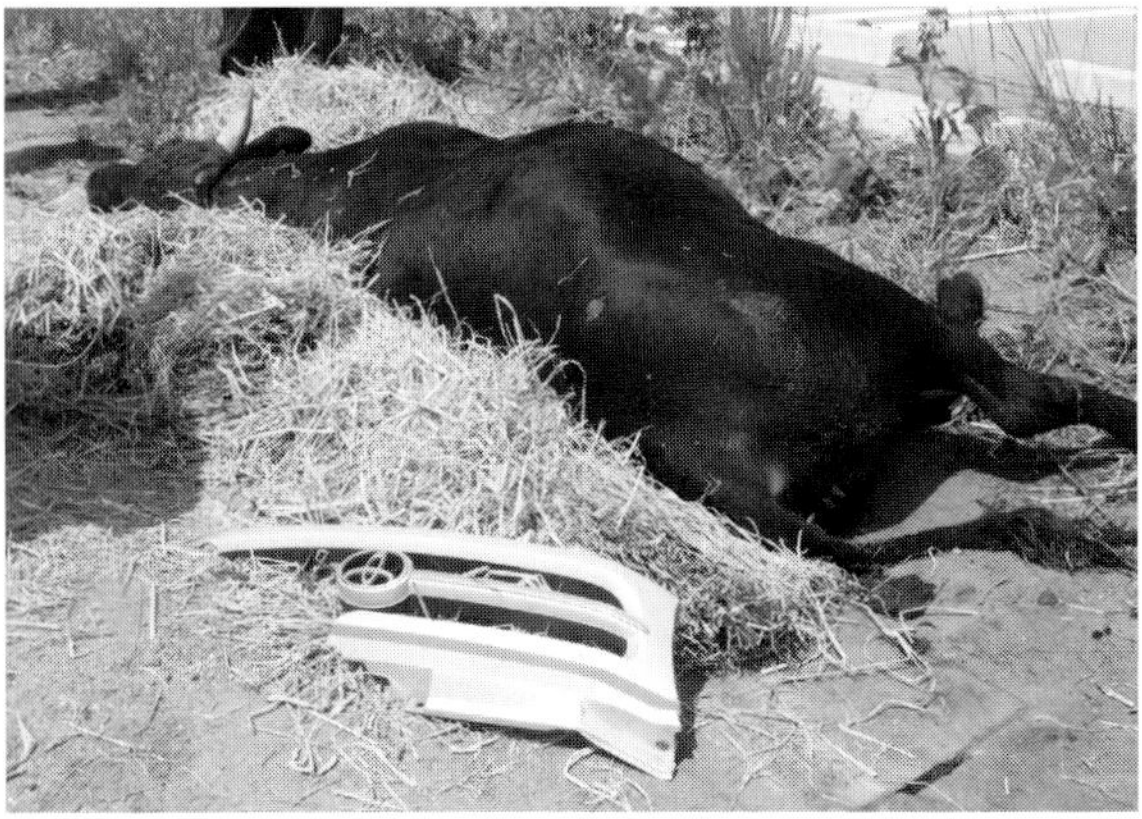

膨大な「除染利権」の邪魔になる。膨大な量の草を食う牛が邪魔になった。

つまり、あくまで牛は、利権という金の都合で殺されていったのだ（12月）。

涙を流しながら死んでいく牛

上と左の写真は、HOSHI FAMILYが、警戒区域3㎞で助けた猫・キティの取材で警戒区域に行き、偶然遭遇した牛の最後。

キティの本の著者の大塚敦子さんは、涙を流しながら死んでいく牛の頬を、さすり続けて看取ってくださいました。

この牛が1年以上も放浪して、最後の瞬間に受けた唯一の人間の愛情でした（6月3日）。

●警戒区域内の野生動物に広がる飢えと病気

■人に懐き近づくキツネ

警戒区域に仕掛けた捕獲器に、キツネの子どもが入っていました。最近よく私たちの後をついてくるキツネです。キツネがいると飼い主の猫が捕まらなくなるので、遠くに離して来ようかとも思いましたが、その姿があまりにも哀れに見えて、同じところに逃がす事にしました。

しかし、捕獲器の扉を開けても、キツネは暴れもせず、出ようともしません。そこで、逆さまにして出しましたが、慌てて逃げるわけでもなく、今度は、私たちの後ろをついてきます。先週来たときも、このキツネは私たちを追いかけてきて餌をねだりました。数メートル離れたところで、うずくまります。これまでに撮影した過去の映像を分析したところ、このキツネには8月ごろまで母親がいたようですが、その母キツネが亡くなったのでしょう。最近はいつも1頭でいた事が分かりました。

キツネにとって、人間は餌を持って訪ねてくる唯一の友達にでも思えるのでしょう。皮膚病が酷く、いつまで生きられるか分からない状況ですが、最近は生態系が変わり、多くの野生のキツネやタヌキが死んでいきます（11月25日）。

■1年経ってもダチョウは生きている！

1年を過ぎても、ダチョウはわずかだが、まだ生きている。私たちは、手持ちのドックフードを与えるのが精いっぱいだった（3月26日）。

■富岡町のウコッケイ3羽を解放

警戒区域内富岡町の町議会議員・塚野氏に、ウコッケイ3羽の保護を再三申し入れてきましたが、拒否されたため、このままでは動物虐待になると判断し、「強制略奪・収容」させていただきました。

本件につきましては、窃盗罪に問われかねませんが、命を守るという緊急性に対して現職の議員が動物愛護法を無視した事例であることから、窃盗の罪は法的に阻却されるものとして考えております。

今後いかなる妨害、訴えに対しても、毅然とした態度を通すつもりです。

なお、本事件が法的論争になった場合、塚野議員は、最高で懲役1年、罰金100万円の罪に問われるものと考えております（9月29日）。

■タヌキが家の中を徘徊

警戒区域内富岡町内で、ボランティアや一時帰宅者の置く餌を求めて、タヌキの民家侵入が増えております。その為に、飼い猫が自宅に戻れなくなることが増え、保護が難しくなりつつあります。

　タヌキを発見した場合は、捕獲の上、郊外に放つ必要があります。

　猫用捕獲器では、破壊もしくは食い逃げされますので、ご注意ください。

　また、写真のように、タヌキも皮膚病が増えており、生存環境が厳しくなりつつあります（3月15日、左は冬の警戒区域）。

第4章　HOSHI FAMILY の多様なレスキュー作戦

——警戒区域内への遠隔操作でレスキュー

●富岡町で桜カメラを発見

警戒区域の夜の森に差しかかったところで、不思議なカメラを発見した（下）。春の桜をライブ中継していたのだ。

私は急いで車を飛び降りると、そのカメラと4つのブラックボックスの箱の中を開けて写真に収めて持ち帰った。詳細に調べてみると、パナソニックのWEBカメラ、データーカードとルーター、そしていくつものバッテリーで構成されていた。このカメラで警戒区域の桜を、ライブ中継していたわけだ。

原価を計算してみると、ほぼ30万円と分かった。こんなのがあれば、いつでも警戒区域をモニターできる。しかし、これだけでは動物は捕まえられないし、この行政が置いたカメラは、自由に警戒区域に出入りしてメンテナンスできるが、我々には入ることすら許されていない。

挙げ句、電気がないのをクリアーして、不意のハングアップでも、リセットし直さなければいけない。そして、家や物置を建物ごと捕獲器にしようと思いついたが、省電力のもので自由に電源をリセットできるものが市販にはないことが分かり、それならいっそう回路から新設計にしたほうが自由度が高いということになり、自主開発することになった。

4月から始めて、8月に試作品が完成し、1号機になった。運用試験を経て様々な問題を克服し、現在は4号機を製作中だ。

この技術がかなり面白く、今後様々な分野にむけてこの制御を使った低価格な遠隔システムを、市販化したいと考えている。

将来的には、留守宅のパソコンの電源を自由にオン・オフしたり、遠隔地の監視システム、家電品のコントロールなど自由自由自在に制御したりモニターできる装置として、応用を考えている（4月18日）。

●自動遠隔捕獲器1号機・モニター始動中

（HOSHI FAMILY 警戒区域・東京監視センター）

Facebookの皆さん、おはようございます。今日も警戒区域の夜が明けました。

私は、富岡という町に住んでいるの。私は、この辺に住むペットだった猫です（左）。

メルトダウンから、もう1年半もHOSHI FAMILYの餌場で生きています。ここから何十匹もの、にゃんこや犬が助けられたんだよ。

もう仲間は2万匹以上も餓死させられたけど、ここには、ニャンダガードさんや、ミグノンさんも餌を持って来てくれるんだ。でも、一時帰宅が無いときは、もう誰も来なくなるの……。

HOSHI FAMILYは、バリケード破ってでも助けに来てくれるけど、警察に追われているし、原子力保安院のオフサイトセンターからも、あいつらは入れるなって命令されてるの。

立ち入り許可証を申請しても貰えないから、この前も何台ものパトカーに追いかけられていたけど、捕まらなかったの。

もし、HOSHI FAMILYに国が協力さえしてくれたら、私は今日にでも助かって、お母さんのところに帰れるかもしれないけどね。この国は、平気でペットを殺すんだよね。

でも、どんなに警察や保安院が妨害しても、私は、これから助かるんだって……。

この入り口の扉が閉じた日が、HOSHI FAMILYが迎えに来てくれて、私が助かる日なんだって……。そうなったら嬉しいな（8月14日）。

「苦戦の連続」の遠隔捕獲器（6月16日）

●自動遠隔捕獲器2号機・モニター始動中

原子力警戒区域内にセットした、遠隔捕獲器からの画像を公開しています。電気もない死人の街で、24時間ソーラーで動いています。

この猫を2日前に捕獲し、本日回収と同時に3号機を付ける予定でしたが、急遽行けなくなり、福島から引き返してしまいました。

残念ですが、この猫は扉を開けてリリースしました（9月17日）。

●自動遠隔捕獲器・モニターの3号機が完成しました

いよいよ、自動遠隔捕獲&モニターの3号機が完成し、警戒区域内に設置されようとしています。今回の捕獲器には、「マシンガン」が付きます。これで、ペット以外の野生動物を、毎分200発撃てるマシンガンで追い払います。

これまで、スピーカーから音を出したり、パトライトで脅かすなどの方法を試みてきましたが、動物が学習してしまうため、なかなか撃退できません。

そこで、このマシンガンを使うことになりましたが、動物虐待にならないように、威力で痛みを感じさせるためだけにすることで、子ども用10歳規格のエアーソフトガンを採用し、玉の威力も強弱の二段階で撃てるように改造しました。民家に泥棒や、行政が勝手に侵入してきたときなどもこれで威嚇します。

今回の変更のため、新たに10チャンネル制御回路を新設計のものに改良しました。今後は、放射線量の測定なども東京からモニタリングできるようにするつもりです（9月16日）。

暖房付き捕獲器。夏は涼しく冬は暖かい

全国から寄付された捕獲器

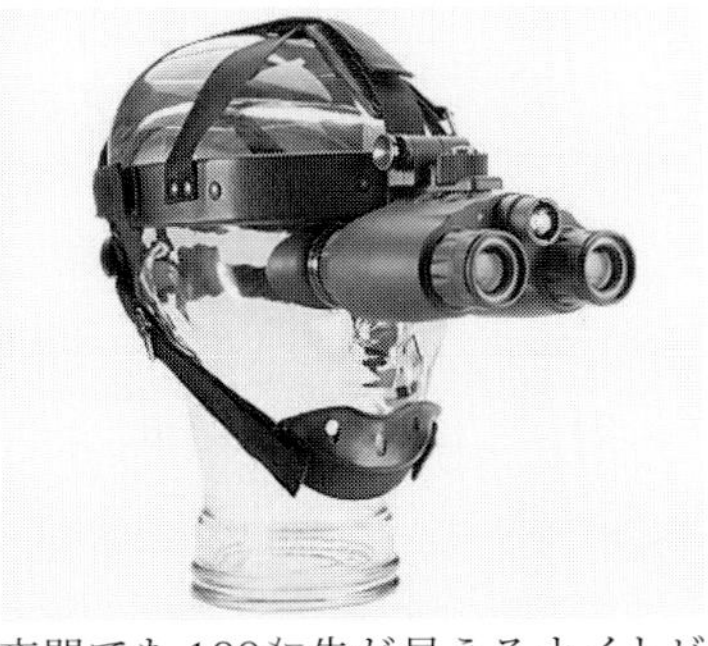

夜間でも100メートル先が見えるナイトビジョン・ゴーグル

●最新の自動遠隔捕獲器1号機モニターから

今夜は何度もカメラを訪れています。お腹いっぱい食べて、体力をつけるんだよ。この国の血も涙もないクソ役人たちには殺させせない。

それにしても、大きな猫ですね。背丈は40㎝ンチもありますから犬並の大きさです。

なんとか救ってあげたいものですが、自由に警戒区域に入れず、なかなか助ける事ができません（11月26日）。

●こちらはライブカメラ1号機

今夜も警戒区域内に見捨てられた猫が、餌を食べに来ています。

どうして政府は助けようとしないのですか？

日本がこんな酷い国とは思わなかった。

海外でもそんな意見が増えてきていますす（11月26日）。

●こちらはライブカメラ2号機

せっかくハクビシンを脅して追い払ったと思ったら、こんどはタヌキが来るようになりました。健康そうなので、今回もお尻を遠隔扉で叩いて追い出しました。

これでまた猫が来てくれるといいのですが、何匹かおびき出してから、まとめて捕獲する予定です（8月4日）。

猫誘い出し大作戦。使用済みカニの甲羅などの匂いで誘う

【11月10日】

今夜はタヌキさんがご飯を食べにきましたが、これで猫と野生動物の比率が1対1。以前はあんなにいた飼い猫が少なくなっている事が分かります。ともかく、お腹いっぱいになり帰っていきました。

●こちらはライブカメラ3号機

警戒区域内ライブカメラ3号機の部屋に、飢えたイノシシが窓を破って侵入してきました。このままでは、ペットの保護が継続できません。

急遽、今夜、警戒区域内に補修に行く事にしました（11月24日）。

警戒区域内の住居を荒らしているのは
犬や猫ではない

新聞記者さん、ペットが住民の部屋を汚しているなんて書かないでください。ペットだった犬や猫は、部屋を汚したりしません。

部屋を荒らしたり、糞で汚すのは野生のタヌキ、イノシシ、ハクビシン、キツネだけです。

プロパガンダ記事を、もうこれ以上書かないでください。それでなくても、住民はペットの生存を願っているのですから、双葉署や環境省の言葉を鵜呑みにした記事を書かないでください。お願いします（11月24日）。

2012年(平成24年)11月15日　木曜日　アサヒ

警戒区域 愛護ジレンマ

ペットを守れ × 違反侵入ダメ

東京電力福島第一原発事故の警戒区域に残されたペットを保護する目的で、動物愛護団体が、許可を得られる立場の事業者の名義を借りて区域内に不当に侵入しているとして、福島県浪江町が今月から規制を強めている。国や自治体は「保護は行政に任せて」との立場だが、愛護団体側は「動物の命を守るため民間の活動も認めてほしい」と訴えている。

「住民の協力を得て、違法に立ち入り許可証を入手している」。ある動物愛護団体の関係者は取材にこう認めた。週1回、メンバーがペットフード約700㌔を、依頼された住民の自宅敷地内や、道路や空き地に置いている。これまでに猫約200匹を保護した。飼い主に戻すまでの飼育費用などが月約数十万円かかり、全国の支援者の寄付でまかなっているという。

メンバーの一人は活動中に警察官に発見され、これまで2回始末書を書いた。

団体の関係者は「住民から我々にペットの捜索依頼があることを行政は知っている。行政の保護活動では足りない。民間にも活動ができる規則をつくってほしい」と訴える。

しかし、反発もある。浪江町によると、一時帰宅した住民から「家の中にペットフードをまかれたため、動物に入られ、家が荒らされた」といった苦情が10件以上寄せられたという。

町によると、一部の愛護団体は区域内の事業者が公益目的で得た一時立ち入り許可証を借りて区域内に入っているという。そのため町は今月から、立ち入り許可の運用を厳しくした。

これまでは申請内容に矛盾がない限りほとんど問い合わせずに許可証を出してきた。それを、事業者側に電話などで活動内容を詳しく確認するように改めた。町民以外は、事業者や町民の付き添いがないと入れないよう徹底している。

富岡町にも住民から同様の苦情があるといい、町が対策を検討中だ。

警戒区域内のペットの保護は環境省と福島県が行っている。昨年4月から今年10月2日までに犬と猫合わせて895匹を保護している。また、同省などは昨年12月、16の動物愛護団体に区域内での約1カ月間の活動を認めた。県の担当者は「残された動物は可哀想だと思うし、助けたい気持ちは同じ。保護は行政に任せてほしい」と話す。

ただ、住民からは行政に厳しい声もある。

警戒区域内から避難中の女性(28)は動物愛護団体に依頼し、これまで犬と猫計3匹を保護してもらった。行政に頼んだが、いつ動いてくれるか分からなかったという。「行政の対応を待っていたら動物は救えない。民間人が危険を冒さなければペットが救えない状況はおかしい」と憤る。

（斉藤寛子）

福島県の警戒区域内の住宅敷地内で、仕掛けたオリにかかった猫を保護する動物愛護団体のメンバー＝今年4月、動物愛護団体提供

警戒区域内のペット・レスキューを報じる朝日新聞（11月15日）

●アニマル・レスキューは自分たちの正当性を堂々と主張しよう！

朝日新聞の記事を読んで

この記事を読んだ瞬間、にゃんだーガードのことが書いてあるという事がすぐに分かった。

2011年暮れから多くのボランティアは、ペットを助けるために住民に頼み込み、事業者の公益許可を利用して、警戒区域に行くようになった。

公益許可は、原則としてその事業に関する活動のみを認めるが、動物保護を認めていない。しかし、偽の申請を出せば、警戒区域に入れるのだから、動物愛護の立場としてみれば、利用したくなるのは、当たり前の事だろう。

そして、その場合であっても、ペットを助ける事は住民支援にもなるのだという意識を愛護家は持つべきだが、実際には、そこまで考える愛護家は少ないのが現状である。

見殺しにしても構わないという行政と、愛護の立場を考えれば、人道的なのはまだ愛護家の方なのだと思っている。

しかし、この人たちは、動物をかわいそうと言い、その活動をするけれども、表で正しい主張をしようという意識が少ない。

もともとこの問題は、南相馬市の吉田美恵子さんに端を発している。彼女は有名な愛護家で、震災当事、多くの愛護家が彼女の元に集まった。しかし、その多くは、自分の組織を引き立たせるための広告塔として、彼女を利用していたのは間違いない。

彼女自身は被災者でもあり、熱心な愛護家であったけれども、何時までも救ってくれない行政に対し、怒りを爆発させていた。そして、動物を助ける手伝いはしても、行政と戦うような姿勢の愛護組織は、ひとつも彼女の周囲にはいなかった。

ボランティア団体のエゴ

震災後の6月、HOSHI FAMILYは、どの愛護組織も助けに行かない、警戒区域中心部の保護リストを彼女から託された。

当時、警戒区域内に入り本気で助けるものは、HOSHI FAMILY以外に無かった。ところが、前日になっても、約束の救援リストのFAXは、私のところに届かなかった。それを妨害したのは、「猫様王国」の人たちだった。

それから数カ月が過ぎ、再び、そのリストを吉田恵美子さんに委託されて、私たちは今度こそという意気込みで、警戒区域に入り、動物たちを助けてきた。

そのとき知ったのは、妨害されたこのリストのペットは、まったく救援されてもおらず、そのときまで放置されていたという事実だった。最初のときに動いていれば、もっと多くが助けられたはずなのに、とても無念な思いをした。人間たちのつまらない縄張り争いが、この小さな命の助かるチャンスを奪ってしまった事は否めない。

ところが、11年の年末近くから、公益許可で警戒区域に入るのが容易になってきた。この許可証を利用して、あの有名な猫写真家までもが、ここぞとばかりにその許可証で写真を撮影しまくり、第二弾の本が出た。

陰では住民を馬鹿呼ばわりしているこの写真家が、表では動物たちがかわいそうと言い連ねて、同情で本が売れていくさまはコッケイにさえ思えてくる。

これを今本獣医師は、被災ビジネスと言い切ったが、なるほど、的を得た言葉だと感心している。

これらの許可証は、猫オバさんこと、吉田美恵子さんのツテでとられたものが多く、ボランティアやエセ写真家は許可証が欲しいばかりに、吉田さんの元に集まってくる。そうして集められた許可証は、その住民の知りもしない相手に横流しされていく。

警戒区域で警官に職務質問され、肝心の許可証の建物の場所さえも答えられないボランティアは、すぐ逮捕され、警察署に連れて行かれる。逮捕されると、ポリシーも無いから、素直に始末書を書き、仕掛けて置き去りにした捕獲器の事も警察にも言えず、知らんふりして帰ってくる。

私は、何度もこんないい加減なボランティアの為に、置きざりにされた捕獲器を回収に行った事がある。こういう自分のお尻もふけないボランティアに、呆れる事を何度も経験した。

行政のボランティア排除の口実

住民の応援で入っているにもかかわらず、こうしたボランティアは、お礼を言うわけでもないし、逮捕されても迷惑を掛けたという意識も無いのだから、なおさらたちが悪い。

こんなことをしているから、保安院（オフサイトセンター）や役場に、ボランティア排除の口実を与えてしまう事になる。

なぜ、毅然とした態度や行動が取れないのか？　ただかわいそうと言い、気ままに助けて自己満足している人たちには、呆れるばかりだ。

話は変わるが、にゃんだーガードは昨年、木製の自動餌やり機を自作し、警戒区域内に設置した。冬の間この給餌器によって、どれだけ多くの動物が生き残れたか分からない。

中には、餌がなくなり、それでも必死に給餌器を引っかいて、血の付いたものもいくつか見た。動物たちは皆、必死なのだ。

「家族を迎えにいくんだよ！　文句あるかい」

にゃんだーガードの本多代表は、公益許可で警戒区域に入るとき、検問の警官にこう言う。

「家族を迎えにいくんだよ！　文句あるかい」

なんと見上げた根性なのだろうと思う。今必要な事は、こうした声を挙げることなのだ。そして、今年も昨年の給餌器を改良したものを、警戒区域に置いてこようとしている。もちろん、これがあれば、ゴミが出る心配も、住民からも文句が出るはずも無い。

そんなときに、許可証がもらえなくなった吉田美恵子さんが、にゃんだーガードに助けを求めた。なんとか、役場を説得してほしいと彼女は願ったのだ。

しかし、結果は無残なものだった。役場は、この申し出を門前払いしたのだ。その結果として、この記事が書かれている。にゃんだーガードの本多氏にしてみれば、納得がいかないだろう。良い事をしようとして、認められないのだから。

その一方で、名も名乗れない、迷惑掛けっぱなしの自己満足なボランティアも多いのだ。

少なくとも、正しい事を信じてしようとするならば、せめて堂々と主張し、後ろ指をさされない事も大事だろう。

災害ボランティアは、自分の為にするのではない。住民に迷惑を掛けない態度は必須だろうと思う。

全国から届くペットフードなど、手紙が添えてある

そして、この記事を読んで、初めて行政の言い分と、愛護家の言い分を両方書いた記事に驚いている。

過去ありえなかった「救う側」の気持ちも公平に認めた、初めての記事だと思う（11月16日）。

●オフサイトセンター、HOSHI FAMILYと他の動物愛護組織を名指しで公式排除

牛の柵を壊す過激な運動家？

兼ねてから噂されてきましたが、動物愛護関係の一斉排除が警戒区域内の各役場になされました。

これにより、住民支援の形での一時帰宅同行、公益立入を申請してもオフサイトセンターは、許可を出さず、排除する方針を決定したようです。

HOSHI FAMILYに関しては、「牛の柵を壊す過激な運動家」であると烙印を押されているようですが、HOSHI FAMILYにつきましては、他の愛護団体のただ「かわいそう、助けたい」というような安易なものではなく、むやみに柵を壊したこともありません。

一部の愛護組織の柵壊しを諌めてきたのは、我々だけであったことは多くの方が知るところだと思いますが、現実に牛の面倒を見られなくなった経営者様への配慮と合わせて、それでも牛を救いたいというような牧場主の方をだけを支援してきました。

しかし、これらの行為すら認められないという事は、言論統制と何ら変わるものではなく、ペットや家畜に関して

上・左頁は警戒区域内の監視カメラ

も、生かせるものまで死ねというに等しいものです。

オフサイトセンターからの通達により各役場は「HOSHI FAMILY」の許可を禁ずるという通知を、住民の方々に出しております。

また、家畜の牛の保護に関しましては、大熊町の池田牧場の牛（しげみちゃん）を1頭正式にペットとして、売買契約を完了し、すでに所有権が移ったことを農水省と大熊町役場に報告いたしました。役場の方針としては、国の判断に基づき今後の決定がなされ、その対応について農水省の回答を待っているところです。交渉が長引く場合、司法の判断により裁判の上で保護することを目指すことになりそうです。

ペットの件につきましては、HOSHI FAMILYも11年11月あたりから、住民の引越し、家財類の持ち出しなどの作業を手伝う傍ら、住民の方のペットの保護にも協力してまいりました。

政府の捕獲にも協力してきた！

過去におきましては、やむなくバリケードを越えるなどの保護も行ってきましたが、一度も他の愛護団体のようにバリケードを破壊することもなく、現状維持に努め、極力、警察や役場に迷惑を掛けないように運動してきました。

昨年の7月には、非公式ではありますが、オフサイトセンター田島本部長付の政府捕獲などにもメンバー十数名が保護に協力し、多くの動物を救ってきた実績があります。

特に、富岡町役場での電話の保護受付などをし、大熊、浪江などでも多くのペットを救い、住民の方にもその活動は認知されており、現在も約80名の方からペットの救援依頼が寄せられています。

なお、今般開発したロボット捕獲装置は、警戒区域内の中で安全にターゲットのペットを見極め、確実に保護できる装置ですが、今後、環境省などにもその使用を前提とした交渉をしていく考えです。

これに対して、南相馬市の相双保健所では、ロボット捕獲された動物でも、回収に行くとの確約をいただきましたので、今後は住民の皆様へのロボット捕獲器の貸し出しなどもしていきたい考えです。

そして、なによりも、HOSHI FAMILYは、様々な工夫をし、福島を支援してきましたが、地元を無視した経済産業省、オフサイトセンターの対応には呆れるばかりです。
これに対して、オフサイトセンターは、連絡を拒み協議さえできない状態が続いております（6月5日）。

■警戒区域内でステルス脱出

2012年7月21日、我々は待ち構えていた警官に包囲された。

これは明らかに我々を狙ったオフサイトセンターの策略だ。

我々は包囲網を突破し、そのまま警戒区域内に突入した。

追ってくる警察車両を振り切り、我々は秘密のアジトにいったん避難、動物レスキューを続けながら潜伏した。

翌日、仲間の車が

警戒区域内のバリケードは何重にも増強された！　写真上は警戒区域・双葉町警察署

至るところに警察の検問がある警戒区域

警戒区域内でのガイガーカウンターは必携

無事に外に出たのを確認し、我々は、警戒区域内脱出の作戦を実行した。後部座席には、明らかにペットとみなせる動物が乗っている。

ここで、警察やオフサイトセンターの餌食にするわけにはいかない。我々は無線を傍受し、ナイトビジョンと、遠距離IR投光器を使い、数十台のパトカーの警備を逃れて無事脱出した。

ペットを救うためにここまでしないと助けられない。この国は異常だ。

原子力政策の影で、オフサイトセンターは警察以上の絶対的権限を持ち、福島は彼らに支配されている（7月21日）。

■警戒区域で自殺騒動、失踪した住民さんは見つかりません

警戒区域・浪江町でにゃんこ保護、大熊町で牛のしげみちゃんに会い、ソーラーで100ボルトの井戸ポンプを動かす開通式をしました。その後、再び浪江町に戻ったところ、住民さんの自殺騒ぎ発生。我々も協力して一帯を捜索しましたが、みつかりません。

スーパーの経営者だそうです。通りすがりの住民、消防、警察、皆一丸となり探しましたが見つかりません。道路わきでその奥さんが、途方にくれたようにしていました。話では夫婦で警戒区域に来たのですが、そのご主人が車を置いて1人でいなくなったのだそうです。住民さんが、どこかで首を吊っているかもしれないと取りすがりの車に声を掛けていました。

警察も今日は職務質問しているどころではなく、パトカーとともに我々も付近を探しましたが、諦めて警戒区域を出てきました。朝早くから働く真面目な方だったそうです。仕事を無くし絶望し、今日は覚悟のうえで警戒区域に入ったのだろうとのことでした。これまでの政府の住民に対する扱いは、悲しくもあり、怒りのぶつけようもありませんが、いつまでもいられないので仕方なく警戒区域を出ました。救った猫を連れて東京へ帰還しました（5月27日）。

スーパー経営者の失踪現場。深夜になり首吊り死体が発見された

第5章　世界に広がるフクシマ・アニマルレスキュー

——政府の被災動物の見殺しに世界から抗議の声！

●世界最大のニュース報道
CNNもアニマルレスキューを報じる

CNNでは、福島に取り残されたペットは1万2千匹だと報じられました。

CNN iReport

SIGN UP | LOG IN

NOT VETTED BY CNN

The Fukushima Animal Holocaust Part 1

1,286 VIEWS　286 RECOMMENDS　40 SHARES

By lostdogs | Posted November 25, 2011 | San Francisco, California

About this iReport
- Not vetted for CNN

Posted November 25, 2011 by lostdogs

Location
San Francisco, California

Assignment
This iReport is part of an assignment: Breaking news

More from lostdogs
- Fukushima Animal Holocaust Part 2
- Fukushima Animals Inside No Go Zone Wait to Be Rescued
- Fukushima Animals Inside No Go Zone Wait to Be Rescued

The Hoshi Family has been actively feeding and rescuing animals left inside the Fukushima 20km No Go Zone, Japan.

They are featured in the National Geographic December 2011 Issue under caption the "The Dogcatchers" part of the coverage of Japan's Nuclear Zone Refugees.

Per Hoshi Family, "The earthquake in the eastern part of Japan was one of the worst disasters in 1,200 years--many pets and livestock became victims.

There is an area where no one can enter to help, that is, Futaba gun in Fukushima prefecture where the Fukushima daiichi nuclear power plants are located. Although TEPCO has employees and personnel on site that would be able to assist with the rescue of any animals found or located in this area, TEPCO feels that it has no obligation to help any animal found in this area.

Information concerning the animals left behind in the Fukushima Exclusion Zone has been carefully controlled by the Government of Japan. Announcements of "rescue" efforts are published but the results of these rescue efforts are not released. Information about the condition of the animals is not easily obtained from the Government of Japan. Most information about the area and the condition of the animals has been provided by those

10月18日のCNNが報じるフクシマ・アニマルレスキュー

ところが、実はこれはまったくの嘘でした。政府は被災動物を過小評価させるため、保健所に登録済みのみの数だけの嘘の発表をしていました。

実際には、約2万5千匹のペットがいましたが、そのうちの2万匹以上が政府の方針で餓死させられました。

そして、まだ警戒区域には、2千匹以上のペットたちが、今なお生き残っています（10月18日）。

●ノルウェー最大の新聞社も HOSHI FAMILY を報道

２０１２年３月11日の福島３・11の１周年特集で、ノルウェー最大の新聞社ＶＧは、HOSHI FAMILY の活動を紹介しました。左・下の写真がその雑誌です。

Ett år etter ATOMKATASTR
FORLATT

■オランダからの基金

オランダのＡＲ４Ｊの皆さんの企画で、１６５㎞の「ローラースケート・チャリティー」を主催した子どもたちが、HOSHI FAMILY の活動のために、集まった65ユーロを送金してくださいました。

OFEN jager Fukushimas husdyr etter mat
I PANIKK
Dyrevernaktivister tar seg ulovlig inn i forbudssonen for å redde etterlatte dyr

異国の地で、福島の動物たちのために募金を募ることは、とても容易なことではなかったはずです。その苦労と熱い願いを思うと嬉しくてなりません。日本の動物たちのために、本当にありがとうございます。深く御礼を申し上げます。そして、福島原子力発電所の30㎞エリアには、まだ多くのペットたちが取り残されて、餓死や「殺処分」の危機に直面しています。

この事実を忘れず、多くの方が心を痛め、応援して下さることに感謝いたしております。この４人の少年たちに、最大限の敬意と感謝の気持ちを持つとともに、最後まで救援のためにがんばりたいと思います（10月６日）。

●フランスで2度目の「見捨てられた命」の写真展開催

Les prisonniers de Fukushima
Exposition photographique du 20 au 30 juin 2012
Un hommage aux milliers d'animaux de Fukushima et à leurs héroïques sauveteurs
Médiathèque MEGA MEDIA
36 rue Onffroy de la Rosière
Sixt sur Aff
Tél.: 02.99.70.04.21
mediatheque.sixt@orange.fr
MEGA Média
mardi : 10h-12h
mercredi :10h-12h et 14h-18h
Vendredi : 10h-12h et 16h-19
Samedi : 10h30-12h30

6月20日〜30日、フランスで2度目の「見捨てられた命」HOSHI FAMILY 写真展が開催されました。

また、10月24日から11月8日まで、Almaia Marie さんの主催で BESANCON というフランスの南の町で HOSHI FAMILY の写真を一部展示中です。

HOSHI FAMILY と同行して警戒区域に潜入し、世界報道写真家大賞を受賞した David Guttenfelder の写真も一部展示されています。

●カナダでもアニマルレスキューの写真展とバザーが開催

カナダでHOSHI FAMILYの写真が展示されました。その他各国で、原子力災害でペットが見捨てられた惨状を伝えていますが、多くの海外組織から、動物救援義援金を日本政府に送ったのは誤りだった、日本政府は正しい事に義援金を使うべきだなどとの批判が出始めています（9月9日）。

bits LOUNGE
No.1 Web Magazine for Japanese community in Canada

@bitscanadaさんをフォロー　いいね！ 171 カナダ、トロント生活をもっと楽しく！イベント・ショップ・レストラン・日系ニュース・イ

電話帳　生活情報　記事紹介　リンク　bits電子版　掲示板

ホーム » 日系ニュース » 動物支援バザー大盛況

動物支援バザー大盛況

9月9日、東日本大震災で被害に遭った動物を救援するための寄付を募るバザーが開催された。池端友佳理、池端マーク、池端健人、アレキサンドラ・ジマーマン主催の同イベントは「星ファミリー」、「日本地震動物救援会」の写真提供協力のもと、福島に取り残された動物たちの様子を伝える写真展を中心に行なわれた。当日は日本食を含めたブース24店が並び、また、折り鶴コーナー、バルーンアートなどの催し物も行なわれた。約600人の来場者から集められた支援金3700ドルは福島に送金される。

（写真右） 日本の震災事情を今まで全く知らなかったという愛犬家、ダグ・ウェデルさん。多額の寄付と共にブースでドッグKISSテーブルを行なった。

(Photos : Pierrette Masimango)

▲展示された写真について　説明する池端友佳理さん

●武蔵野三鷹ケーブルテレビが
警戒区域内の動物たちの餓死を報道

2月17日、武蔵野三鷹ケーブルテレビは、HOSHI FAMILYの警戒区域内でのレスキューを報道しました。

この内容は、『見捨てられた命を救え―3・11アニマルレスキューの記録』の発行に合わせて、警戒区域内の動物たちの悲惨な実状をリアルに報道することになりました。

今までメディアは、福島の「殺処分」された牛たちの実態を報道しないばかりか、飢えで餓死した牛たちを始めとする動物たちの死体を報道することさえ避けてきました。

しかし、武蔵野三鷹ケーブルテレビは、この被災動物たちの実態報道に初めて挑戦したのです。

また、武蔵野三鷹ケーブルテレビは、HOSHI FAMILYの里親さんを探すお手伝いをしてくださることになりました。

撮影は私の自宅で行い、可愛い猫たち数匹にも、友情出演してもらいました（武蔵野市HOSHI FAMILY家庭シェルター、1月17日）。

●全国に広がる「見捨てられた命を救え！」の写真展

2011年、広島市、松本市などからスタートした「見捨てられた命」をテーマとする被災動物たちの写真展は、全国に広がりました。

2012年に入ると、写真展は再び長野県で開かれたのを始め、札幌・徳島・浦和・調布・飛騨高山など、次々に開催されました。そして、既述のフランス・カナダを始め、アメリカなどにも広がっていきました。

世界中の人たちが、フクシマで被災し、見捨てられた動物たちへの救援に立ち上がったのです。

HOSHI FAMILYは、これらの写真展に救援したたくさんの動物たちや被災地の写真を提供しました。

昨年、12月10～16日には、長野県内の専門学校・未来ビジネスカレッジ主催の動物看護学科の若い学生たちによって、〝報道されない命〟と題して、写真展が開催されましたが、それに続いて、今年も長野県で1月21日から写真展が開かれ、私も参加してきました（上・左、1月24日）。

■浦和でも写真展を開催

浦和駅から徒歩1分、「浦和コミュニティーセンター」で、4月27～30日の間、写真展が開催されました。会場は、PARCO10階コムナーレで、同じ建物にある紀伊国屋書店では、拙著『見捨てられた命を救え！』の記念販売も行われました。

■ハート徳島さん主催の写真展

3月30日から4月1日の3日間、NPO法人・ハートさんの主催で、徳島でも写真展が開催されました。

大判半切50枚、四切、六切、合計350枚以上、ミニアルバム20枚も展示いたしました。

写真展
取り残された命
～警戒区域の動物達～
日時　2012年3月30日～4月1日
AM10:00～LAST
場所　ふれあい健康館(徳島市沖浜東2丁目16)
写真提供：星ファミリー
The Hachiko Coalition
主催：NPO法人　HEART
連絡先　080-3927-0660　FAX088-645-1802
星ファミリー　星ひろし氏を中心に、福島県の警戒区域内に取り残された動物達を救い出すため、献身的に救援活動を続けている団体です。また、救援活動の傍ら、警戒区域内の真実を世に訴える団体です。
The Hachiko Coalition　海外のソーシャルネットワーク団体で警戒区域の取り残された動物達のために、世界中よりビジュアル嘆願書集めながら、救援活動をしている日本の団体を支援しております。
NPO法人　HEART　理事長スーザン マーサーを中心に、県内外を問わず不幸な動物達の命を救うために活動をしている動物福祉団体です。

■調布で初めての講演会と写真展

6月7日、私の初めての講演会がありました。雨の中を70名の方々にご来場いただき、まことにありがとうございました（講演1時間20分、質疑応答30分）。

たくさんの人々が参加し、活発な質疑が行われた調布講演会。会場には、大型スクリーンに被災動物たちが映し出され、参加者の涙を誘った

動画を交えて、警戒区域の被災動物たちの姿を紹介させていただきました。

講演会の行われた会館では、同時に写真展も行われた

■札幌で「助けたい命　写真展」

初めて北海道での被災動物の写真展です。

主催は「パウバディソレイユ」という団体で、HOSHI FAMILYと福島原発動物本気で救う会・アニマルフレンズ新潟・TURAが協賛しました。

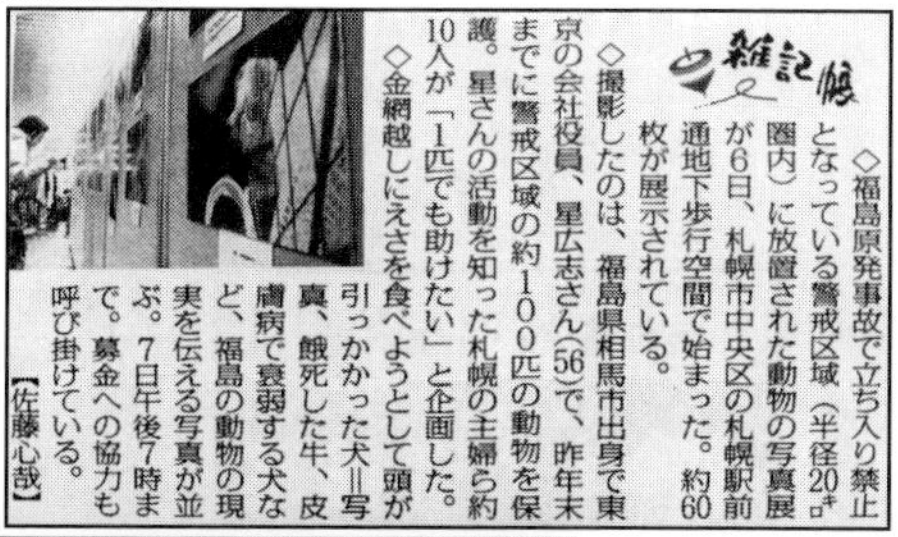

雑記帳

◇福島原発事故で立ち入り禁止となっている警戒区域（半径20キロ圏内）に放置された動物の写真展が6日、札幌市中央区の札幌駅前通地下歩行空間で始まった。約60枚が展示されている。

◇撮影したのは、福島県相馬市出身で東京の会社役員、星広志さん(56)で、昨年末までに警戒区域の約100匹の動物を保護。星さんの活動を知った札幌の主婦ら約10人が「1匹でも助けたい」と企画した。

◇金網越しにえさを食べようとして頭が引っかかった犬＝写真、餓死した牛、皮膚病で衰弱する犬など、福島の動物の現実を伝える写真が並ぶ。7日午後7時まで。募金への協力も呼び掛けている。【佐藤心哉】

なお、この催しの2カ月前、1月6〜7日には、札幌駅地下歩行空間（憩い空間）でも写真展が開催されました。

盛大な写真展だったと聞いています（3月4日）。

■大学祭でも写真展

11月4日、HOSHI FAMILYの地元とも言える、武蔵野市にある日本獣医大の学生たちが、同大の大学祭で写真展を催してくださいました。

主催は、同大の生命科学部の学生たちです。

楽しいペットショーや出店など、楽しめるイベント満載でした。

■飛騨に続き、高山でも写真展

6月2〜3日の、「アニマルレスキュー飛騨」主催による飛騨・生活文化センターでの写真展の開催に続き、9月28〜29日、YAG岐阜・高山でも写真展が開催されました。当日は好天に恵まれ、多数の来場者の中で無事終了いたしました。皆様のご来場、ありがとうございました。半切パネル40枚を展示させていただきました。

下の写真は、当日の主催者の方々とHOSHI FAMILYの星礼雄です。

左は、高山の写真展でフクシマや被災動物の現状について話をする筆者です。

会場からもたくさんの質問がありました。

高山の写真展の会場

■被災動物を追悼するワールドアニマルデー

２０１１年、神奈川県のしまりすホールの山口さんからお誘いを受けて、「見捨てられた命」の写真展を開催させていただいた。

そのとき、福島の悲劇を忘れないために、来年のワールドアニマルデーから、恒例の行事としていきましょうということになった。そして、10月6日、初めてのアニマルデーを開催した（川崎市麻生区の「しまりすミュージックホール」）。

夕方、参加者全員で３１１個のキャンドルに点火して、コンサートが始まった。途中、雨が降り空が泣いた。それでもキャンドルは、命を灯し消えなかった。実際には、雨があっても消えないように、３ミリもの太い芯でキャンドルを作っておいたのが功を奏し、ロウソクは最後まで消えずに揺らいでいた。

それはまるで、必死に生きようとする命のようだった。福島で少し努力すれば救えたはずの命が、60万も失われた。よく人は、人間の命は重いけど動物の命は軽いんだという。でも私は、それが間違っていたことに気付いている。さもしい人間の命など、なんの価値もないのだ。

人は、生きるために生まれてきた。他の生物もそうだ。それをむやみに奪う権利など、どこにもないのだと気付いた。あの動物たちが、人間に助けを求めながら死んでいっ

た、あの目が忘れられない。

　幸せを追求するなとは言わない。しかし、力のあるものが弱いものと共存できなければ、力のあるものは永遠に救われないのだ。菅直人や、他の福島の民や動物をないがしろにした者たちよ。お前たちなんか「糞くらえだ！」。お前たちこそが、人間の形をした動物だったのだ（10月6日）。

「2011円で繋ぐいのちの音色」コンサート入場料をご寄付頂きました。寄付金は遠隔制御捕獲器の費用に充てられることに（7月8日、調布市）

■井の頭公園駅前、喫茶店「宵待草」での写真展

HOSHI FAMILYの近く、東京・吉祥寺の井の頭公園では、たびたび被災動物の譲渡会を行っていますが、同時にこれに合わせた写真展も開催しています。毎月第3土曜、12時から18時はHOSHI FAMILYの「猫の日」です。会場は、井の頭公園駅前の喫茶店「宵待草《よいまちぐさ》」などです。触って遊べる気軽な譲渡会です（井の頭公園内でも随時開催）。

2月26日、この日は宵待草で写真展が開催されました。ご来場ありがとうございました。

＊10月20日、吉祥寺の喫茶店・宵待草で行われた「助け出されたにゃんこ！　HOSHI FAMILY触れあい譲渡会」

■被災動物の写真をめぐる扱いについてのお願い

ある日本総領事館の方から、浪江町を放浪する豚の写真を、日本の復興支援の為の写真展に使いたいと連絡を頂きました。

もちろん、今の日本は放射能に侵され、海外でも風評被害が広まりつつあるのは私も知っています。日本の為にも、こんなにがんばっているのですという広報には、異存はありません。

しかし……。

私は、どうしても快くお引き受けできませんでした。

あの豚は、あれからどうしただろう。

どこで死んでいったのだろう。

政府に見放された六十数万頭もの家畜、そして2万4千匹ものペットたち、いくらでも助けられたはずなのに、今の政治は、見殺しにしたのです。

あの写真は、そんな動物たちと、住民の仇を取るつもりで撮影しました。ですから、とても復興のコマーシャルに使っていいとは承諾できませんでした。

事実は、ありのままに歴史に残すべきだと考えていますので、復興を願う多くの方にお詫びします。

そして、反省すべきは反省し、今からでも生き残った10%くらいは助けてほしいと思っています。それができてこそ、復興です（11月12日）。

9月13日、2011年6月19日に星礼雄が警戒区域浪江町で保護したノアが亡くなりました。救出したとき、ノアは必死にレスキュー隊員に飛びついてきました。その後、2011年10月から新しい里親の元で暮らしていました。

■警戒区域内　無人の「夜の森」の桜は満開

去年も「夜の森」の桜は、今頃が満開だったんです。動物たちは、この桜に下で待っていたけれど、政府は誰も助けに行かなかった。たった1人もです。

このころから、1匹、1匹と死んでいったんです。あれから1年過ぎても、本気で救おうという人はほとんどいませんでした。

動物たちは、義援金の餌食にされたり、支援金集めの餌にされたけれども、本気で救った組織は10も無いでしょう。それも民間ばかりでした。それが悔しくてなりません。

南相馬市の警官は、救援に行った女性ボランティアを怒鳴り散らし、まるで泥棒扱いでした。

先日、にゃんだーガードの代表が、警戒区域で警官に「家族を迎えにいくんだよ、文句あるか」と啖呵を切ったそうです。

そんな人が100人もいれば、どれだけの動物が救えたことでしょう。まさかこんなことになるとは情けなかった。私たちは人間ですよ。

それなのに、このザマです。それが一番悔しいです（5月4日）。

第6章　環境省・オフサイトセンターの偽善

――なぜ彼らは数十万の動物たちを餓死させ、放置したのか？

●私が警戒区域に行くようになった訳

3・11後の故郷の光景

私は、福島県の生まれです。福島では、一番津波の被害が激しかった相馬という所で育ちました（下・左は南相馬市小高地区の水没地帯）。あの懐かしい山並みと魚の豊富な海、毎朝、漁に出ていく漁船。海から昇ってくる大きなお月様を見て育ちました。

ですから、私の幼いときの思い出は、相馬という土地にありますが、昨年の災害で目にしたものは、影も形も失われた故郷の姿と、その帰りに立ち寄った双葉郡の原子力災害で見捨てられたペットたちでした。

途中の双葉町では、多くのペットたちが寄ってきましたが、他の愛護団体も餌を与えていたので、まだたくさんの動物が生きていました。しかし、誰も行かない中心部の大熊町に着いたときの惨状には、この目を疑いました。そこには、目の前の餌を食べられずに死んだ犬がいました。

私は、悲しくて泣きました。そのとき、あの過去の思いが蘇りました。それは、私が3歳から4歳のときの思い出です。そのときの悲しみが、この動物たちの気持ちと激し

くぶつかり合いました。絶対に見捨てないと誓ったときでした。

見捨てられた動物は幼きころの私

ある日、幼稚園から帰ると、父と母が正座して向かい合い、母が泣いていました。私は、とっさに「どうしたの、お母さん」と傍にあった雑巾を差し出しましたが、母は泣きながら笑ってくれました。

それからしばらくして、私の両親は別居生活を始めました。私は、母と祖父の家に住むようになりました。幾日か過ぎ、その日は節分の日でした。母と2人で豆まきをしました。翌朝、起きてから庭に落ちていた豆を見つけて、母に差し出してから、それをかじった記憶があります。

夕方、母は、「お父さんに会い行くのよ」と言いました。私は、大喜びでした。近所の人のトラックの助手席に、母と2人で乗りました。

トラックが、父のいる本家の近くで止まりました。車から降りるときに、高い運転席から足元のマットが地面に落ちました。運転手さんは、「いいから、いいから」と母に話していました。

トラックが過ぎ去り、私は手を繋いで意気揚々と本家に向かって歩きました。途中の駄菓子屋に入り、母はたくさんの駄菓子を買ってくれました。

本家の玄関に立つと、その家族が出迎えて父も出てきました。母は、泣きながら「広志をお願いします」と立ち去りました。私は、母を追いかけようとしましたが、その場で取り押さえられて、追いかけることができませんでした。その日が母を見た最後でした。

迎えにこなかった母

それから、母が迎えに来るのを待ちましたが、母は遂に現れませんでした。

3年が過ぎ、父は既に再婚し、母の街でアイスクリームの製造業をしていました。

ある日、義理の母といるときに、1人の女性が訪ねてきましたが、どうしても顔を思い出せません。話の様子から母だと思いましたが、私はじっ

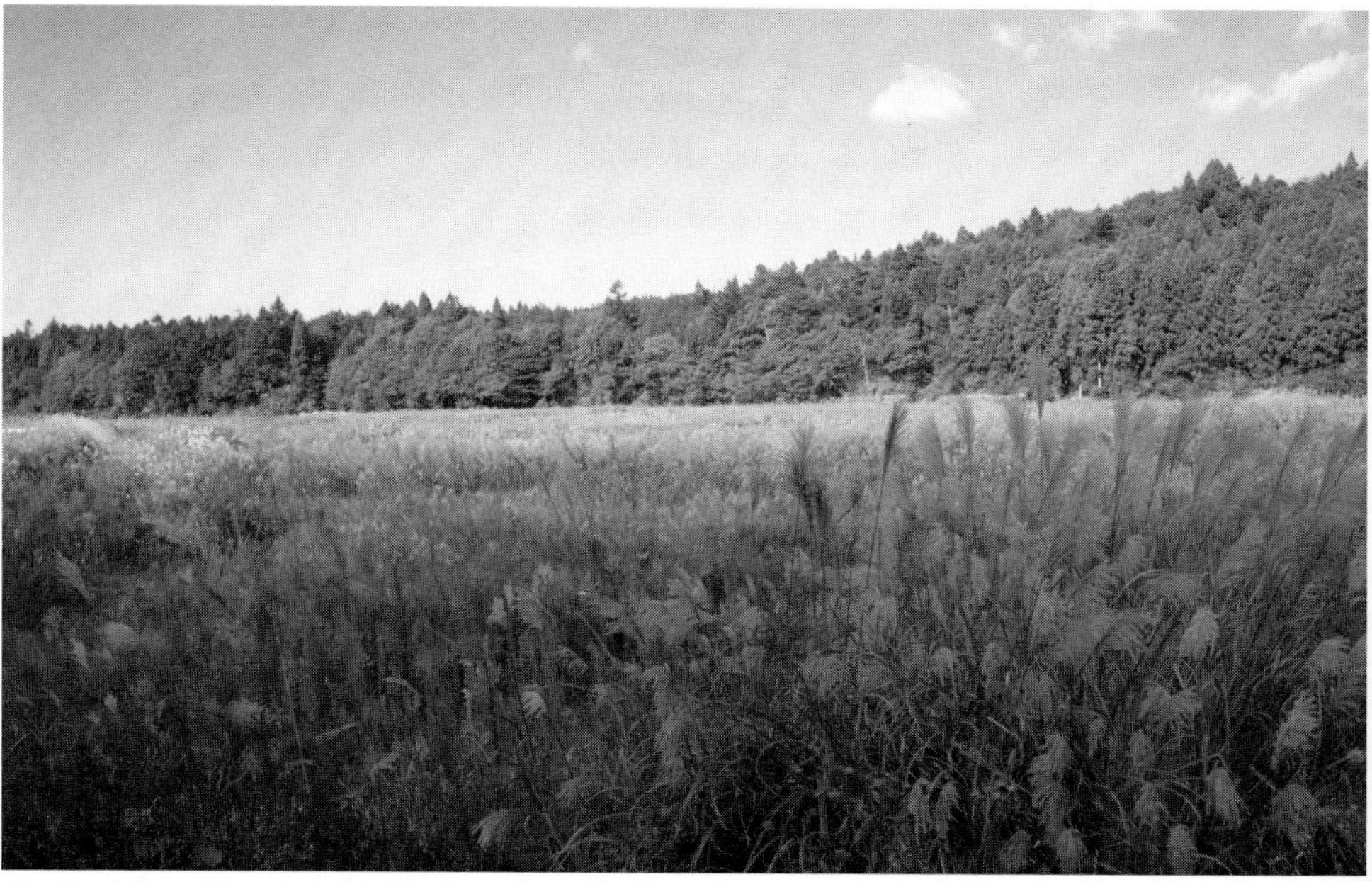

警戒区域内の田畑。上は首を檻に挟んだまま餓死した犬

と向かい合い、立ちすくんで様子を見ているしかありませんでした。

帰り際、その女性は、抱え切れないほど大きなブリキの自動車を置いて、泣きながら立ち去っていきました。

警戒区域内を放浪する猫

それが私の、母の最後の思い出になりました。6歳のときでした。

待っても待っても訪ねてこない！

話は戻りますが、福島の動物を見ていると、なぜかあのときの思いが蘇ります。

待っても、待っても、飼い主は訪ねてこないのです。そして、長い時間が過ぎ、もう飼い主の顔も忘れています。抱きかかえられれば、昔のぬくもりを思い出すかもしれませんが、動物たちは元の飼い主に近づく事すらできず、立ちすくむだけなのです。私が記憶もおぼろげだった3歳のころのように、ペットたちも同じ思いをしていたはずです。

だから……あのペットたちを、どうしても見捨てられなかった。何とかしたかった。1匹でもいいから、飼い主の元に返したかった。その一念で助けてきたのです。

今でこそ、大人たちの事情というものが分かります。家柄のいい家に生まれたばかりに、世間体を理由に祖父から都会に追いやられた母。不倫して別れた父。それでも、迎えに来ると信じていた母。そんなことも知らずに、ただ待ち続けた自分。その後の一人暮らしで、祖父の権力や立場を利用し、金の亡者に変身した母。情けない生涯を閉じようとしている父。あれから50年も過ぎました。

動物の被災は私たちの罪

責任を取ろうとしない大人たち。私が知った警戒区域の出来事と幼少の思い出は、人間の醜さを感じずにはいられません。そして、弱い者は何時も犠牲を強いられる。こんな世の中なんて糞くらえ！　そう思うからこそ、ペットや家畜を助けてきました。

「下等動物」にだって、同じ思いはあったはずだと思います。その証拠に、多くの動物が私の胸に飛び込んできたし、近寄れずに立ちすくむ動物や、涙を流す動物を見てきました。そして、最後まで信じ、家の前で餓死して死んでいった動物たちのことを思うと、やり切れなくなります。かわいそうなんてどうでもいい。そんなこと言う前に助けてほしかった。

自分が助けた動物たちが、また幸せを感じています。もっと多くの動物を、同じ気持ちにしてあげたかった。権力や金、つまらない役人の制度の為に数万匹のペットたちが犠牲にされました。

助けられるのに助けなかった。これは日本人の大きな罪だと思っています。

まさに3歳の自分は、あのときはまだ動物でした。あの動物たちにも心があったということを、忘れてはならないと思います。

わずかですが、彼らはまだ警戒区域で生きています（4月29日）。

＊右は警戒区域内の地震の爪痕。上・左頁は双葉町の通り。

●3月11日、追悼の日

今日は3月11日。

震災で失われた多くの魂に、追悼の意を捧げたいと思います。そして、まだ生き残る福島の動物たちにも—。

願いは全頭救出、既に残った命はわずかではありますが、決して見捨てない人々がいたことを歴史に刻みたいと思います。

多くの皆様の慈悲にすがり、多くの人が喜びを取り戻し、多くの人が無念の涙を流し、多くの人が希望を新たにしました。

でも、この現実は、まだ1年が過ぎたばかりです。3月11日、それは、ヒロシマやナガサキにも匹敵する悲しみでした。むしろ、それ以上かもしれません。そして、自然の怖さとこの人間という社会が、この世で一番恐ろしいものであることを知った日です。

これから、人類が求めるもの、それは、希望の将来と、悪しき人間を増やさぬための努力に費やされるべきです。子供たちの為に、多くの命が社会と自然、人間の社会に良い形で生き残る事を願います。

警戒区域内で群れで放浪する牛たち（上）。警戒区域内への HOSHI FAMILY の給餌（下）

福島の動物たち、HOSHI FAMILY のメンバーは本気で頑張ったけど、力が及ばなかった。ごめんなさいと謝ります。

白井さん、西井さん、浅沼さん、息子、よく頑張った。David と林さん、高円寺ニャンダラーズの佐藤さん、アニマルエイドの柴田さん、輿水さん、皆、必死に命を掛けてこの1年よく頑張ってくださいました。

そして、支援してくれた多くの皆さん。応援してくれた獣医師の皆さん、関係のあった愛護団体の皆さん、その他の FRIEND の皆さん、facebook の皆さん、写真展の有志の皆さん、元 HOSHI FAMILY のメンバーの皆さん、本当にありがとうございました。

HOSHI FAMILY　福島原発動物本気で救う会
代表　星　広志

●今、福島で何が行われているのか？
――世界からの要請を無視する政府

家畜60万頭以上、ペット2万匹以上が餓死

私は、福島県相馬市の生まれで、中心部の商店街と新地の釣師浜という海岸の2カ所で育ちました。

昨年4月、故郷である福島の惨状を見て、東京から150日も福島に通い、政府を非難しながら警戒区域に取り残されたペットを助け、家畜などには餌やりをしています。

今では、日本のみならず、世界的に有名な動物保護活動と言われていますが、これは海外の方からは「HOSHI FAMILY」という総称で呼ばれる、わずか7～8名の小さな非暴力抵抗運動です。詳細については、私の主催するFacebookページをご覧ください。

初めて私の活動を知った方には、「違法行為はいけない！」という常識的な問題で捉えられてしまうのは、致し方ないことだと思います。ところが、私がしている問題というのは、実はとてもシンプルなものです。

原子力事故は避けられなかったかもしれない。しかし、それを終息するという理由で、国民を犠牲にして生命を死に至らしめるなということです。やれることをやらないで、命を見殺しにする。

既に家畜は60万頭以上餓死させられ、住民のペットですら2万匹以上が餓死させられました。動物たちは、安楽死さえさしてもらえず、「どうせ餓死する。動く瓦礫はほうっておけ」と言われてきたのです。

ところが、政府の考えとは裏腹に、住民の酪農家やボランティアは、牛舎から牛を解放したために、牛は自然の草を食べ、多

くが生き延びました。

　そして、今度はこれではまずいと、政府は再び牛の「殺処分」を本格的に始めました。今、生き残ったのは、千頭弱の牛や豚、そしておよそ犬500匹、猫2千匹程度にまで減りました。それは、法律という以前に、絶対にしてはいけないことです。

動物のレスキューは緊急避難活動だ！

　今、福島では、保安院が全ての行政を制圧し、思うがままに振るまって誰も逆らうことが出来ません。警戒区域の半径20㎞圏内は、ジャーナリストでさえ入れば逮捕される場所です。表現の自由すらありません（許されるのは限定された報道だけ。下・左は、警戒区域への立入禁止の検問）。

　憲法さえも無視して保安院は、福島をコントロールしています。一時帰宅では、デジカメを禁止するなどの例があります。二度と戻れないかもしれない我が家や、墓の撮影すら禁止する。警戒区域に入るものは、一切の撮影を禁止されます。

　これは、憲法違反ですし、法的に財物であるペットを保護するのは警察や行政にその責任がありますが、保安院はそれらの救済さえも許しません。

　私＝警戒区域の違法侵入は、罰金10万円と拘留。

政府＝動物の虐待や殺傷は、罰金100万円と懲役1年。

　この違い、どう考えても政府のほうが悪い。私の違法性は、その内容からして法的に阻却されるはずです。

　つまり、火事で死ぬ人がいて、隣の梯子を勝手に持って助けに来たら泥棒になるかという問題です。誰かの陰謀を暴くために重要証拠を秘密に撮影して公開する場合なども同じです。こういうジャーナリストは罪になるでしょうか。

　現実として、保安院と警察は、ありとあらゆる妨害をしてきます。ですから、私たちは10万円を持って自首しようとする。

ところが、彼らは表向きには妨害しても、いざとなると知らんぷりするのです。そんなことの為に、毎夜何百人もの警官を出して私を捕まえようとする。

その陰で避難住民は、自分の家にも4カ月に一度、たった2~3時間しか帰れない。事実上、一間に近い避難住宅暮らし。

「置き去りにした猫さえも助けてもらえないなら、死んだほうがまし」と自殺する人、将来の不安で首吊りをする人、精神苦や生活苦で死んでいく多くの人がいる。これが今の福島の現実なのです。

世界中から救援要請が出されたが……

新聞には載りませんが、もうすでに数千人がお亡くなりになられたでしょう。福島の死亡率が、通常の自然死の何倍にもなっています。これが今の福島の現実なのです。

そして、原子力被害という悪魔の仕業に、多くの民が泣いています。弱いものさえ助けようとしないこの国の身勝手な政治は、国民の意図しないところで動いています。だから再度、私は声を挙げます。私が悪いなら逮捕しに来なさい。住民のペットが、本当に法律にあるような財物と認めるなら、きちんと助けなさい。

住民を犠牲にして、無駄金を何千億円も使い、無駄になるかも知れない除染や瓦礫の処分の利権に群がる以前に、もっと福島の県民が、安息を得られる努力をしなさい。ただ、それだけのことなのです。

これまで、日本のみならず、世界中から数十万通にも及ぶ嘆願書や救援要請の依頼が、環境省や農水省に出されてきました。これ以上、日本の恥を晒さないでください。これらを是正することは、政治家の皆様と閣僚の公僕としての使命であるはずです。今、政治を見直さなければ、いずれ日本は滅びます。早急な対策をすべきと思います。

そして、今ある原子力問題、これはとても大切な課題です。利権や企業の利益を優先する場合ではありません。本当の共存とはなにかということが問われています。それを確立することこそが、日本を賞賛される国にするはずです。

汚点を隠すだけでは、何も改善されません。多くの知恵を結集する時です。これができて始めて日本は世界から認められるのです（8月9日）。

＊福島原発20㎞圏内の南相馬市に作られた汚染物質の仮貯蔵施設（下）。警戒区域とその周辺地域の「除染作業」（左上）。富岡町の汚染物質の埋め立て（左下）

●HOSHI FAMILYからの大切なお願い「共存共栄・フクシマ」

HOSHI FAMILYの信条

「人間には、裏切ってやろうとたくらんだ裏切りより、心弱きがゆえの裏切りの方が多いのだ」

この1年半、一心に福島の動物を助けてきたけれども、どうしても思いが通じないことが起こるものです。

つい最近も、募金の申し出を受けて、御礼をFacebookのウォールに書き込んだ直後に、国と争う泥棒に寄付はしたくないと言われてしまい、返金させていただきました。

原因は、東電からタイベックスを頂戴してきたことを、おちゃらけて書いたからなのですが、実際に、私のウォールや福島原発被害の動物たちのウォールを見ていただければ分かりますが、私は放射能が下がってから、ほとんどタイベックスーツを着用しないし、着用する場合でも、皆様からいただいたか、自費で購入したデュポンのⅢ型のもの以外は着用したことは無く、実際には、これら東電から得たものは、住民さんにお渡ししたりして、使用していただいています。

確かに東電に嘘を言い、どさくさにまぎれて、まとめて大量に持ってくるのは泥棒と言われても仕方が無いのですが、多くの方に迷惑をかけた東電は、タイベックスを無償で支給するのは当然のことだとさえ思います（事実、東電は住民に無償提供しています）。

警戒区域住民の一時帰宅による墓参り

HOSHI FAMILYに寄付することで宣伝を考える方は多いようですが、一番小さなたった数名の愛護運動が、ネットで日本最大のアクセス数があります。

しかしながら、HOSHI FAMILYの実態は聖人でもないし、とてもアウトローな存在です。

警戒区域内住民の一時帰宅（上）。「除染作業」を進めるための常磐道の建設工事（下）

私たちには損害賠償権もないが……

でも、そんな弱小でありながら、その寄付が打算や、利用するだけだと見抜けたときには、相手がどんなに権力者でも、お金持ちだとしても、有名な方でも援助を断るのがHOSHI FAMILYの方針です。

その点、警戒区域に住む富岡の松村さんや、希望の牧場の吉沢さんは、私たちなどとは比べものにならないほど、クリーンだと思うし、意思もぶれず、住民という立場で居住権や損害賠償権をタテにして攻めることができます。

しかし、私たちの場合は、被害者ではありませんから、私やメンバーが、いかにフクシマのために私財を投じても、危険を冒しても、何の権利も主張できもしなければ、恩恵にもあずかれません。

そこまでボランティアをしてさえも、わずか数千円の寄付で、この忙しいのに明細を出せとか責められた事もあり、これまでに3名の方に支援金をお返ししました。こちらの都合で言えば、フクシマに行きもしない方に、数千円で奴隷のように思われても無理があります。

心弱きがゆえの裏切り

私たちは、救援に命を賭けているし、それをできもしない方に責められても、まるで次元が違うとしか思うしかありません。

でも、これは、あくまで自己責任なのですから、誰も責める気も無いし、本当に支援してくださる皆様には、感謝するばかりです。

そのおかげで、私たちの救援は自己負担が半分ですみ、今もこうして、1年半も違法行為と言われながら、活動できているわけです。

今、フクシマで起きていること、それは、「人間には、裏切ってやろうとたくらんだ裏切りより、心弱きがゆえの裏切りの方が多いのだ」ということ。

この一言に尽きます。悪意を持ってフクシマが犠牲になっているわけではありません。しかし、現実には、あらゆるフクシマの民と動物が犠牲になっている。

発電所終息のための予算が使い放題だから……。

除染は儲かるから……。

住民が離れると、地元職員や地元政治家が職を奪われるから……。

子どもたちを避難させる予算が惜しいから……。

野菜や家畜などの補償を減らしたいから……。

住民賠償を少なくしたいから……。

発電所の事故をなんとしても誤魔化して、世論に反対されたくないから……。

動物救援本部の義援金を横流しさせていただいて一儲けしたいから……。

経済産業省から他の省庁が睨まれたくないから……。

原子力村の利権を守りたいから……。

農協や銀行に借金返せと言われるのが怖いから……。

動物を餓死させたほうが手間も省けるから……。

HOSHI FAMILY なんかに寄付して、悪く思われたくないから……。

HOSHI FAMILY に加勢するふりをして侵入ルートを知りたいから……。

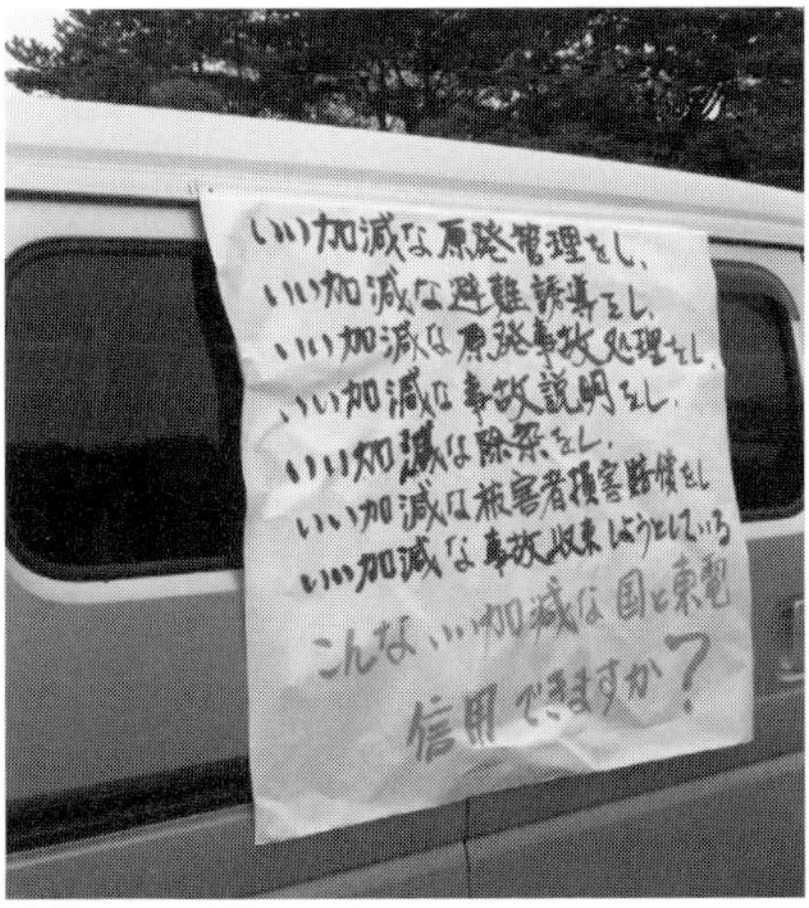

「警戒区域の解除」のもとで「汚染地域への帰還」を進める行政に抗議する「原発被害者の会」の新妻久明さん（上下）

私たちは誰も犠牲にしない

数え上げたらきりが無いほど、「裏切ってやろうとたくらんだ裏切りより、心弱きがゆえの裏切りの方が多い」のです。

　動物愛護の世界でさえ、最初は、HOSHI FAMILYの保護動物の里親会に協力していた武蔵野市の団体までもが、私たちが有名になるのを妬み、今度は、あいつらは里親の財産状態を聞きだしているとか、ありえないデマまで流して、嫌がらせに転じたりするのです。

　お陰で私たちは、再び里親募集ができる場所を探さなければいけなくなったりする。しかし、ここで皆様に断言します。

　私たちは、「裏切ってやろうなんて考えもせず、心ぶれもせず、心も強く、誰も犠牲にしない」。

　まやかしの偽善も、まやかしの協力者も要りません。これからも、救援を続けていくだけです。そこで、心ある皆様にお願いがあります。

HOSHI FAMILY からのお願い

①もし、東京の近郊で場所を提供し、月に一度は里親募集場所の提供やスタッフとして協力してもいいよという方がいれば、是非ご連絡ください。

②もし、HOSHI FAMILY に協力して、フクシマへ合法的な許可証を所有する住民さんと同行して、手伝うよというマイカーをお持ちの方も募集します。

（②は HOSHI FAMILY の正規メンバーは、オフサイトからブラックリスト化されて、バリケード以外の正面からは入れないからです。したがって②の方とは別行動となります。）

応援いただける方のご連絡をお待ちしております。

最後に、

暗殺されたジョン・F・ケネディの言葉。

「自由主義社会で大多数の貧しい人々が援助されないならば、少数の金持ちも救われないのだ」

なんと的を得た教えでしょう。

そして、日本には、過去、素晴らしい教えを実践した方がいます。

松下幸之助氏の言葉。

「共存共栄」

なんと、素晴らしい言葉ではありませんか。これは決して死語ではありません。

今一番求められている事だと思います（8月21日）。

アメリカから来られた吉田ルリ子さんと（7月1日）

●死の町・死臭のする町に　150日間も通い続けて

無人の町ではなく死の町

震災から1年半、2度目の夏が終わろうとしている。生まれ故郷の福島で、ある1匹の犬の死に様を見てしまったばかりに、人間とはなんと恐ろしいものなのだろうという怒り、原子力被害の恐ろしさへの怒りで家族3人から始まった動物のレスキュー活動が、もう1年半を過ぎようとしている。

警戒区域は、無人の町というよりも、正確には死の町だった。夏の暑い日差しと、町全体に広がる動物たちの死臭、いつも吐きそうになり、私は警戒区域の中を毎週さ迷い歩いていた。

それが今年はどうだろう、もう死臭はほとんど無い。約2万4千匹もいたペットも、残っているのはほんのわずか10%程度に過ぎず、60万頭もいた家畜は、そのほとんどが骨になり、土に還ろうとしている。あれほどいたカラスさえも、最近は数が減ってきた。

しかし、今でも去年の死臭の思い出が脳裏を離れない。いつも死骸の周囲にはコバエがいて、一種独特の臭いに包まれている。思わず嗚咽がこみ上げてくる。その強烈な臭いは、動物の死臭なのだ。

閉鎖された町全体に漂う死臭は、とてもこの世のものとは思えない酷い臭いだ。

一時帰宅で戻った住人は、自分が置き去りにしたペットや牛などが、無残な姿になり、ウジ虫に食い尽くされた姿をみて悲しみ、中には自殺した方もいる。そして、犬や猫たちは、今でもその死骸を食って生き延びている。

レスキューの帰り道、首都高速に入りビル街を見ると

警戒区域内の至るところにある動物の骨

ほっとする。あの町と比べて、なんと空気がさわやかな事だろう。

ネオンが綺麗で立ち並ぶ高層ビル。車の窓を全開にして、空気を入れ替える。まるで、別世界だ。原発の恩恵でこの清潔できれいな街があり、その犠牲としてあの死臭の町がある。

数えられないほど泣いた！

また、来週も行かなくてはいけない。あの死臭の町に……。

本音で言えば、もう行きたくない。この1年半、警戒区域に150日も通い、五千枚もの写真を撮り続けてきた。数えられないほどの死骸を見て、数えられないほどの写真を撮り、数えられないほど泣いてきた。

いつか行かなくてすむ日が来ることを信じて、あの死臭の町を、畑を、山を、海岸を、今でも動物たちを探し続ける。

何が私をその気にさせるのか。

こんなに泣いたことは、人生で一度もなかったけれども、絶対助かるはずのないペットの命をわずかでも救い、住人に返すことが出来たという喜びがある限り、私は仲間とともに、相変わらず福島に向かう。

もう二度と住むことが無いだろう家、いつまで続くか分からない避難住宅での暮らし……。福島の住人は、生まれ故郷を失いながらも、必死に生きている。

私の運命を変えた多くの被災地の方や、動物たちの叫び、それは、改めて人間の尊厳を思い起こさせてくれる。

3・11後、生まれた牛（4月18日）

命の大切さ、辛くても、必死に生きようとする思いには、人間も動物もないのだという事を改めて気付かせてくれている（9月7日）。

●VAFFA311代表　夏堀雅宏氏へあてた手紙

夏堀雅宏さん、確かに世界はこんなにも美しい。それを感じるのは。人間こそが美しいからですよ。

ところで昨日、国連事務次官も参加して、11月から私が主導で行う警戒区域の動物保護の協議が終わりました。先日、私は、そうなることを一番先にメールで知らせて応援を求めましたが、返事すらきません。恐らく返事は来ないと予想していましたが、私は、貴方との約束を果たした証として連絡を入れました。

それは、あの昨年の7月16~17日の田嶋本部長の動物保護、実際には貴方が企てた動物保護で、貴方に私は十数名のメンバーをHOSHI FAMILYから差し出した。悪く思われないためにも、私の名が出ないように私と息子はあえて参加せず、バリケードから入り、君たちをフォローした。

あのとき、私は貴方と固い約束をしたよ。それは、貴方は堂々と表を歩き動物保護をする。その代わり、私は裏になっても政府を批判し続けることが、ひいては動物を助ける事になるだろうと。

私は、今日まで1年半も貴方との約束を守ってきたよ。あの頃のメールを読み直してみてください。

実際には、貴方はあの前夜、福島で宴会をし、私がせっかく集めた住民の保護希望リストも受け取らず、私が次の朝、しかたなく貴方に届けた。

そして、どうなっただろう。当日、貴方は馬場獣医師に振り回され、リストの家もほとんど回らずじまい。馬場獣医師は、警戒区域で泥棒までして君たちは、それを問題にせず、内部でもみ消した。

福島第２原発。低い防潮堤はツナミで破壊された（８月 11 日）

私は、息子とたった２人で、あのリストの家を１週間かけて全部回ったよ。それでも今まで貴方を責めなかった。

馬場獣医師の不始末

で、内部的には全ての獣医の許可証が剥奪され、一時帰宅者の保護まで中止され、救えるはずの数百匹が犠牲になりました。貴方は事実上、２日しか仕事をしなかった。

そして、全ての寄付を併せて、４００万円近く受け取った。しかし、ＶＡＦＦＡ３１１は既に解散され、残された３００万円はプールされたまま。

福島第２原発（8月 10日）

おかしいだろう。その資金は、福島の動物を助けるためのものだったはずだ。

同じ神奈川の馬場獣医師が私から批判されて、貴方も少しは嫌な思いをしたかもしれない。でも、命とどっちが重いんだい。どっちが人の道だろうか？

君には失望した。根性があるなら、君の文章をここに残せるだろう。残さなくとも、これまでの全ては、私の本に「貴方のＶＡＦＦＡ３１１の責任者のした行動」として、真実を書かせていただく事にしました。

もう君とは、友人でなくても結構だと思えました。これまで世話したのは私の方だし、君も異存はないでしょう。Facebookフレンドも、もう終わりのようです。さようなら。

小心者の獣医さん。

＊ＰＳ　この文章は、ＶＡＦＦＡ３１１の組織の代表者に対して書いたものです。したがって、事実である限り、名誉毀損には該当しません。異議ある場合は、弁護士にご相談ください。

貴方に贈る言葉……。

「人間には、裏切ってやろうとたくらんだ裏切りより、心弱きがゆえの裏切りの方が多いのだ」

「人間にとって最も大切な努力は、自分の行動の中に、道徳を追求していくことです」

「１人の敵も作らぬ人は、１人の友も作れない」

（11月４日）。

■警戒区域動物保護を牛耳る人物（窃盗犯）

この文章は、VAFFA311政府保護隊に参加したボランティアが、環境省が任命した災害時緊急動物救援本部所属の馬場獣医師が犯した民家（ペットショップ）での泥棒に関する証言である。

【2011年7月16日、17日の警戒区域動物保護活動陳述書】

私は、2011年6月に福島の被災地で動物たちが餓死し続けている事を知り、当時、警戒区域の動物を助けていた星さんという方の保護チームにメンバー登録をしておりました。7月に入りその星さんから、オフサイトセンター主導で捕獲の第二政府隊を組織することになり、「我々の経験を生かして、メンバー全員がその部隊で正式に保護活動に参加する事が認められたので、これからは政府のボランティアとして捕獲に参加してほしい」という要請がありました。しかし、その直前になり星さんは、他の愛護組織から役場や福島県に多数の嫌がらせ電話を受けている。私が参加すると多くの方に迷惑を掛けてしまうので、辞退することになった。せめて他の方だけでも個人として協力し、1匹でも多くの動物を助けてほしいと言われ、星さん家族以外の残りのメンバー10数名だけで、政府隊に参加することになりました。そしてメンバーは7月の16日と17日の2日間、警戒区域のペット達の保護に参加しました。

当日は、馬場獣医師と共に大熊町の飼い主さん依頼の動物捜索をさせて頂きました。

まず、初日の16日大熊町内の飼い主さん依頼の飼い犬、猫等リストを確認しながら、捜索をしておりました。

大熊町商店街にて、犬の鳴き声を確認、車を止め目視で柴犬がいるのを確認いたしました。しかしどうにも興奮し捕獲が難しかったので、捕獲器を設置し、一旦次の捜索地へ移動いたしました。またしばらくした後、捕獲器に先ほど鳴いていた柴犬がかかっていました。しかし、その犬はお乳がパンパンに張っていてすぐに、子犬がいるのがわかりましたが、馬場獣医師は母犬を連れていく指示を出しました。

あの東京より炎天下だったさなか、母犬なしでは子犬の命は99％以上助かる事はないと、獣医師でありながら、馬場獣医師は獣医師免許がありながらわからなかったのでしょうか？　そうなると獣医師としては大変欠陥があり、獣医師として動物、飼い犬様と向き合っていく事は致命的であると思います。仮に、馬場獣医師が認知していたにも関わらず、母犬を連れて行ったとすると、確信犯であり、命を預かる獣医師としてはもちろん、人として大変非道であると思います。

馬場獣医師はほとんど自分が動く事はなく、私とボランティアの獣医師の方を命令口調で顎で扱い、捕獲した際に飼い主さんに連絡を入れた時、「おまえのような素人が口をだすな!」と罵声を上げて携帯を無理やり取りあげて、「私が保護しました。私は何十年と獣医師をし、ここに骨を埋めるつもりでやっている」と、自分の宣伝を毎回飼い主さんにし、私にはポイントを稼いでいるような気持ちになりました。馬場獣医師は私に、マスコミにインタビューされたら、「私は無知で何の役にもたちませんでした。馬場獣医師のご指示があったおかげです」と言いなさい、とマスコミに対する返答まで指図されました。

翌日、17日、他の獣医師、ボランティアさんも加わり捜索となりました。馬場獣医師は、面白いものを見せてやると、昨日保護した母犬をまた商店街へ連れ出し、子犬を探すと言い出しました。

誰もがあの炎天下の中、子犬が生きているはずがない、何故今さら子犬の捜索を、という表情でした。まだ保護されて間もない痩せて弱った、お乳がパンパンに張った母犬を誰もが倒れそうな炎天下の中、ただ歩かせるという異様な行為が続きました。私たちも子犬を捜索しました。その最中、馬場獣医師は時間を潰すかのように商店街の周りの民家を2、3軒、物置や空き巣が入った跡があり、そこから馬場獣医師も侵入し、杖など物色していました。この行為は不法侵入であり、見ていてまるで空き巣と変わりがなく思えました。

獣医師としてはもちろん、馬場獣医師のこの行為はいかなるものかと思います。散々母犬を無理やり歩かせた挙げ句、馬場獣医師は今度は多数決を取ると言い出しました。2択でした。

・子犬の為、母犬を離す
・子犬の命を諦め、母犬のみ保護する

私は、子犬は恐らく助かっていないだろう、助かるはずがない、自分でも捜索した中、はっきりわかりました。他のボランティアの皆さんも同じ考えのようでした。私たちは、全員一致で飼い主さん依頼の母犬の保護を選択いたしました。

すると、突然馬場獣医師は女性ボランティアに向かい、「なんて卑劣なやつらだ! 動物は子供を捨てない、捨てて他の男にいくような卑劣な事をするのは、お前ら人間のメスだけだ!」と罵声をあげ出しました。

なら何故あの時、母犬を一旦諦め、子犬の命の為、離してあげなかったのだろうか。子犬が奇跡的に見つかってポイントを稼ぐつもりだったのでしょうか?

私には、馬場獣医師が獣医師としてのご自分の立場を守りたいがための責任を、私たちになすりつけていたにしか見えませんでした。そして馬場獣医師のあまりの横暴さに、悔しくて涙が止まりませんでした。馬場獣医師は獣医師として今後本当に医師免許を持っている事が許されるのでしょうか？　誠意をもち、頑張っている他の獣医師に対し、また何も知らずに馬場獣医師の手にかかってしまう動物、飼い主さんを思うと、なんとしてでも獣医師免許を剥奪する、その必要があると思いました。

16日の初日に、話をもどします。

私たちボランティア始め、獣医師の方々も声を掛けあい、ケージや捕獲器を借りたりしていましたが、まだまだ数は足りませんでした。

馬場獣医師は警戒区域をいい事に、車からケージ、キャリーバッグなど民家に置いてあるのを見つけては、ケージを3つ、キャリーバッグ1つ、許可なしに勝手に自分の車に積んでいました。しかしこれは民家を勝手にあさる行為であり、不信感をずっと抱いていました。

柴犬に捕獲器をしかけている間に、Kさん宅からの依頼で猫の保護に行きました。まずは家の周りを捜索していると、家の中のふすまの間からキジトラの猫が覗いているのを私が確認しました、目に輝きがあり、大変元気そうでした。元気で生きていられた理由は預かったカギをお借りし、家へ入った際、すぐにわかりました。お家の方がたくさんの餌に大量の飲み水、トイレ、全て万全に残し、二階は全て閉め切り、帰ってきた時に必ず迎えに行くんだという、強い希望があったのでしょう。家をくまなく時間を費やせば、必ずしもみつかる条件でした。しかし、馬場獣医師は物置をひたすら物色していました。キャリーバッグを見つけると、引き上げの指示を出しました。私の、家に必ずいるから探したいという懇願に全く聞く耳をもたず、更に馬場獣医師は飼い主さんに許可なく台所の窓を勝手にあけてしまいました。飼い主さんには後から簡単に報告しただけでした。飼い主さんの必ず迎えに行くんだという希望が、猫を飼っている私には十二分にわかるだけに、心が引き裂かれる思いでした。時間を使えば必ず助けられた命です！

私は未だに夢であの時の悔しい気持ちと、飼い主さんに、生きていてくれた猫に、本当にごめんなさい、申し訳ないと、泣いて目が覚めます。本当に馬場獣医師を止めきれなくて申し訳なかったと思っています。

馬場獣医師はそのあと、自分が早く帰っては自分のメンツがないと言い出し、コンビニでアイスを買い、被災ツアーしてやると、被害にあわれた場所をどうだと、まるで観光地のように回り、私にはとても耐え難く、被災された方々にはもちろん、その時間待ちがあれば、あのキジトラは保護できたはずであり、他の救えたはずの命をみすみす、アイスや被災ツアーなるふざけた名目で潰す。何の為に馬場獣医師は来たのか。本来の目的遂行を成し遂げない事はもちろん、人間的に不適切な行為であると思います。

馬場獣医師は救える命を救わず、売名行為に専念し、人の立ち入りが出来ないのをいい事に、暇潰し程度に民家内、物置を物色していた泥棒であり、大変許しがたき人であり、今でも馬場獣医師が獣医師としていられている不信感と、忘れもしない命を軽んじる対応、空き巣犯となんら変わらぬ行為をここに報告いたします。


この陳述書は、HOSHI FAMILY のメンバーであり、政府捕獲チームにもボランティアとして参加した者の証言です。陳述者の個人名は伏せておりますが、公式の場では実名を出すことを承諾しております。従いまして、環境省、動物愛護協会、警察などの調査には本人が証言することを確約いたします。

2年目の冬を迎える警戒区域（11月10日）

● HOSHI FAMILYの
被災動物レスキューのポリシー

救出動物は無償で飼い主さんに！

質問　今さらですが、星さんがされているレスキューは、飼い主さんから依頼された子たちしか捕獲していらっしゃらないのですか？　飼い主さんがいらっしゃらない子たちには、ご飯をあげることをされていらっしゃるのでしょうか？　先日の、捕獲器がたくさん必要だというものは、飼い主依頼のネコちゃんの捕獲のためなのですか？

回答　普通の愛護組織は、猫を捕獲して地元に連れて行き、TNRと称して不妊手術をします。不妊手術は市や愛護協会などから助成金が出ます。ですから、普通の組織は野良猫でも何でも捕まえます。

不妊手術というのは、実はとても簡単で1人獣医がいれば一度に50匹ぐらいできます。つまり、売り上げの悪い獣医やフリーの獣医と組んでどんどん捕まえれば、儲けられるのです。

獣医の平均病院単価は6千円ですから、もし、1日10人患者が来ても6万です。それより50匹不妊して10万貰えばその方が得です。そして、ノラは元の所に戻します。

こういうことをするので、実は福島で11年3月と4月の警戒区域になる前の2カ月で、1千300匹も捕まえたはずの愛護組織のシェルターには、わずか数百匹しかいないという事になるのです。

そして、ノラで無かった被災動物は、譲渡会で1万5千～5万円程度(犬は10万円)で譲渡されます。愛護組織にとって、飼い主を探すよりも、新規に譲渡した方が金銭的に潤うのです。

もちろん、愛護組織とて霞を食べて活動するわけにはいきませんので、ある程度は容認されるべきでもあります。

ところで、最近の方は知りませんが、私は警戒区域に毎月1トンの餌を1年以上無差別に撒いてき

ました。それは、どの愛護組織の方も警戒区域には行かなかったからです。11年11月ごろから、公益許可を使い、事業者の社員として申請すれば、警戒区域に入れるようになりました。それで今は、HOSHI FAMILY以外も入っているのです。

リスクは犯せないけれども、リスクがないなら行きたいというのは多くの組織の方の考えでしょう。しかし、オフサイトセンターは、ブラックリストをつくり許可を出さないようにします。

そこで、いくつかの愛護組織は、ボランティアを集めて新人を申請してばれないようにしています。最近は、HOSHI FAMILYもそうしています。バリケードから入る組と、許可証で入る組がいます。

ノラさんは保護しません！

ですから、私の場合は、他の愛護組織とは比べられないほどのリスクがあります。

まず、許可申請ももらえず、バリケードから入ります。これは罰金10万と逮捕拘留です。政府に逆らって保護しているので、不妊手術をしても助成金は1円も貰えません。ノラは捕まえて不妊すればお金になりますが、私はお金が目的ではないのでノラは捕まえません。

それに完全なノラを里子に出すのは、1年かけても人間に慣れないので無理なのです。飼い主不明の猫は、里子に出しますが、元の飼い主が現れたときの事を考えて、譲渡費用も頂いていません。

以上のような理由がありますから、警戒区域で無差別に捕まえるより、私は優先順位をつけて保護しています。

優先順位での保護

それは次のようにです。

1位　依頼のあった猫の住居と、その周辺に餌場を作る。

2位　猫を見かけたところには、依頼にかかわらす捕獲器を仕掛ける。

3位　通りすがりのルートに餌をまいていく。

そして保護後には、

1　その周辺の住民の避難先を調べ、飼い猫だったかどうかを調べる。

南相馬市塚原地区での汚染土の廃棄処理施設（11月18日）

2　身元不明のときは不妊手術をして譲渡する。費用は無料とする。

3　後から元の飼い主が見つかったときは譲渡費用を頂かない代わりにお互いにきちんと協議していただく。

さらに、ノラと判明したときには、生態系が変わるので捕まえない。無理やり捕まえて無理やりケージで保護する事も、動物虐待になるので考えていません。

都会は別ですが、福島のような人間のいない生態系では、弱肉強食です。ノラは避妊しなくても生存競争が厳しく、爆発的に増える心配もありません。逆に無理に不妊すると鼠が増えるなど生態系が壊れます。自然の中に生まれたものは、自然に任せた方が良いと思うのが、私の考えです。

レスキュー費用は寄付でまかなう

結論として、私は、捕まえた動物の医療費を負担しなければなりません。

そこで、最近は格安で協力してくれる獣医さんにお願いしていますが、私も獣医さんも利益は出ません。ですから、半分は自費、半分は皆さんの寄付でまかなってきました。続けられる限り、この方法で行くつもりです。

NPOになれば、助成金をもらえるかもしれませんが、しがらみは嫌ですから、非政府組織としてやっています。しかし、今後、政府が過ちを認め、福島の動物保護を認めるのであれば、NPOにする意思はあります。

福島の動物救援は、いくつかのポリシーに基づいています。
1　一度飼われたペットは、再び飼われる権利があるはずだということ。
2　避難生活の心の支えとなってもらうためにも、ペットを何とか保護して元の飼い主に返してあげたい。
3　たとえ飼い主が見つからなくとも、せめてまた人間との良い関係に戻してあげたい。
4　原子力災害の悲惨さを、多くの方に知っていただきたい。

この4点は、地域猫の保護と決定的に違う点です。もともと私は、まったく動物保護の世界とは、無縁の人間でした。ですから、私が見た、感じたままの行動をしてきました。多くの愛護組織から嫌われもしたし、それでも応援してくださる組織もありました。

応援いただいた組織と、支えてくださった個人の皆さんには感謝するばかりですが、これからは、福島に限らず、今までに無い、斬新なシステム作りができるのではないかと考えています。

そして、これまでの活動を大きく評価してくださる世界中の方に、深く御礼申し上げます（11月12日）。

「殺処分」で空になった牛舎（7月23日）

●資料　にゃんだーガードさんのブログから

これは、オフサイトセンターの警戒区域立入禁止に対する、「にゃんだーガード」がハンストで抗議したことについて書かれたブログです。

それでも、まだ国は動かないけれども、こういう立派な人がいたことを決して忘れないつもりです。

代表・本多氏に敬意を評して、ありがとうございましたと申し上げさせていただきます。

アインシュタインは、こんな言葉を残しました。

「人間にとって最も大切な努力は、自分の行動の中に、道徳を追求していくことです」

まさに、彼の行動が、そうだったと賞賛します。

■お詫びと御礼［12月17日（月）］

たくさんの皆様からのはげましやお叱りのメール、コメントをたくさんいただきました。

そのほとんどがハンスト反対や倒れたらいけないのでやめてほしい、というものでした。

皆さん心配してくれて本当にありがとうございます。

しかしながら、俺は敢えて言いたい。

もし俺達が何もしなければ、折角1年9カ月もの間苦しい思いをしながら必死で生き延びてきた命たちはみんな死んでしまうのです。

それを分かっていて黙って見過ごすことができますか？

そこで、俺は考えたのです。

何が何でも、国が行おうとしているこの暴挙を国民みんなに知らせて、その怒りを国や福島県にぶつけてもらいたい。

もちろん、だからといって俺が倒れたら意味がない。

これもわかります。

俺は絶食ならまだ1週間は活動をしながらでも続けることが可能です（これはきちんと体調も管理しているので信じてください）。

みんなにして欲しいのは俺の体の心配ではなく国が行おう

交付日　平成24年1月11日　第2410号

公益一時立入車両通行許可証

有効期間：平成24年1月15日
〜平成24年1月15日
許可を受けた者：コーポイン新夜ノ森
許可車両番号：大宮301な1391

公益一時立入用務に従事するため警戒区域内の通行を許可する。

なお、本許可書を所持しない場合は通行できない。

許可権者　富岡町長　遠藤勝也

としている警戒区域内の犬猫大虐殺の事実を広く国民のみんなに伝えてほしいということ。

そして、それに対する抗議運動をそれぞれできる事でいいからして欲しいのです。

但し、抗議運動をする際には、しっかりとその抗議運動していることを公開してほしい。

たとえばネットで宣言とか、その時にはここにコメントもできればして欲しいと思う（その報告が一番嬉しいです）。

富岡ライブカメラのあるNTT

俺の体力がもつ間に一人でも多くの人たちにこのアクションに参加してほしいと願う。

もう一度言います。

俺は後1週間は元気に活動しながらハンストできます。

だから、皆は今は心配するよりも行動を起こしてほしい。

俺は丈夫だから心配しないで下さい（俺の体力も信じてください）。

俺は自分のシェルターの子たちも圏内の子たちも救いたい！

少なくとも飢えて苦しみながらこの寒い中たった一人で凍死なんて絶対にさせたくないのです！

とにかくたくさんの人一人でも多くの人に、今国が行おうとしている圏内動物大虐殺のことを伝えてください。

そのための方法はいろいろあると思います、それぞれで考えてください。

今度はあなたが動く番だ！

俺の体を心配する時間を、３０００頭を救うための方法を考える時間に使ってください。

圏内の犬猫がこの冬を乗り切るには定期的な給餌か自動給餌器がないといけません。

餌がなければこの寒さでは体温が保てず飢え死にする前に凍死してしまいます。

圏内に給餌機設置のための立ち入りを許可を求める署名ではきっと間に合わないでしょう。

だからみんなの怒りを！

ただでさえ苦しんでいる被災者さんの家族同様である

ペットまで虫のように殺そうとしている。この腐った国とそれに迎合する福島県にぶつけてください。

なお、初めて来た方はこの記事だけでなくせめて2週間くらい前の記事から読み返してください。

そうでないと何のことかわからないままになってしまいます。

本当は俺が県庁や国会議事堂とか環境省の前で座り込んでハンストしたほうがいいし、各方面にアピールもできると思う。

しかし、残念ながら俺にはその時間がありません。

俺には他にもしなくてはいけないことが多すぎるのです。今は各地を回っていろいろな人たちと話をしています。

なので、例えばハンストを強行できる人がもし居たら参加してくれるとうれしい。


座り込む時間と根性のある人いませんか？

早くみんなで怒りをぶつけにいかないと、圏内に残された小さな命たちには残された時間があまりありません。

嘆願書では間に合わないと思うのです。


せめてクリスマスまでには圏内に突入して自動給餌器を設置するか、給餌に行かないとまた大量の死骸が警戒区域にその骸を晒すことになります。


もう、二度とあんな事（去年の4月22日）はあってはならないのです。

もちろん、その時には特餌隊が出動します。

俺もその時には体調をしっかりと整えて前線で指揮を執る予定です。


だから後1週間以内に勝負を決めたいと思います。

俺はやりきれるから大丈夫です､後はあなたに託します。

ご意見やわからないことは右上のメールフォームから質問してください。

もし俺がいなくても副代表が質問に答えてくれます。


あの時、街には死骸が溢れていた！

そんなのはもういやだ！

お願いです、俺のことを心配するのなら、その分を行動に移してください。

さあ！　みんなも思いっきり頑張ってください！

さあ！　いくぞ！！

やればできる！　絶対にできる！！

●資料　福島警戒区域残留犬猫救護、管理に関する緊急措置の要望書

警戒区域内に取り残されている犬や猫を、命があるうちに救い出したい！　私たちに助けに行かせて下さい！

そのためには、行政任せではなく、犬猫のことを知りつくした民間団体や個人が堂々と警戒区域に立ち入る許可を下してもらうことが必要です。

全国動物ネットワーク様、ＴＨＥペット法塾様、ＡＰＦ通信社様、被災住民の会様、及びＴＮＲ日本動物福祉病院共同の要望にご協力ください。

現在、動物救護の目的で民間が立ち入ることは認められておりません。

環境省、福島県、知り合いの議員などにメールやファックス、電話、郵便などで訴えてください。ご協力お願いいたします。

全国動物ネットワーク代表　鶴田真子美（参加１５３団体は裏面に記載）

ＴＨＥペット法塾代表　弁護士　植田勝博

ＡＰＦ通信社代表取締役　山路　徹

ＴＮＲ日本動物福祉病院代表　結　昭子

被災住民の会代表　吉田美恵子

福島の警戒区域には、犬、猫などの被災動物がまだ多く取り残されています。

行政が把握しているだけで３３０人の飼い主さんが、未だにみつからない犬猫を探し続けています。行政が把握していない飼い主さんもいます。警戒区域内に猫は第四世代まで確認されている今、動物愛護の観点だけでなく、住民の安全や環境保全のためにも、公に認められ、適切に管理された保護救助活動、給餌給水活動、繁殖防止活動（ＴＮＲ）が必要なはずです。これらは公益性が高く、震災復興に大きく寄与する活動です。しかしながら、これらの目的でのボランティアによる公益立ち入りは認められておりません。こうしたことに熟達した団体、個人ボランティアが公に認められて秩序正しく活動してこそ大きな成果が期待できます。

厳冬を前に、今ここに再度要望いたします。

①認可団体の立ち入り活動再開と継続

平成23年12月に環境省、福島県、村により16民間団体が認可されて警戒区域内で犬猫の救出を行い熟達した技術で犬猫合わせ数百頭を保護することができました。

小中学生対象に行った被災地アンケート結果（平成24年2月浪江町発表）では震災でペットを失ったことがこども達の大きなストレスになっていることが分かりましたが、小中学生だけではなく被災家族全員にとっても、この時救

出された犬猫は復興への心の支えになっています。

飼い主さんが見つからなかったり、事情があって再び飼うことができない犬猫は民間団体などが健康管理や不妊措置を施し新たな飼い主さんに橋渡し被災地への理解に役立っています。この有意義なプロジェクトを早急に再開し、頻回に継続して実施して下さるようお願いします。

餓死体（1月30日）

②動物救護給餌給水と繁殖防止活動（TNR）を公益立ち入りとする

公益立ち入りで警戒区域内に入る人に便乗させてもらって、苦労を重ねながら給餌保護活動をしたり、特に猫の繁殖を防ぐための活動（TNR・保護捕獲し不妊手術後、元の場所に戻す方法であり世界中で公益性が認められている）をしている人たちがいます。これらの活動を公益立ち入りの目的の一つに認めて、警戒区域内で活動できるようにしてください。

※主旨にご賛同くださる団体様、個人様は以下に署名のうえ本要望書を環境省、福島県、町役場、お知り合いの国会議員の先生等あてにお使いください。転載、引用、コピー歓迎いたします。

＊この要望書の内容に賛同いたします

団体、個人名

住所

＊お問い合わせ　全国動物ネットワーク事務局

Fwin5675@nifty.com

FAX　029—851—5586

おわりに

２０１１年3月11日の震災、そして12日に発電所がメルトダウンしました。その原因は、原子力発電所は事故を起こさないという前提（妄想）があって、いつでも回避できるという安直な行政と業界の金に関わる癒着や政治構造が原因に違いありません。確かに地震は、千年単位で一度の大地震だったかも知れませんが、津波に関しては、１００年に一度以上は20～30ｍを上回る津波がある事を知りながら、福島には大きな津波が無いと現実を無視してきた政府の怠慢さにあると思います。

２０１１年4月、私が被災地の故郷を見て驚いたのは、自分の記憶のほとんどの場所が消えてしまったという事でした。その帰り、餓死しそうな動物たちがいるという立ち入り禁止区域に行って見たものは、無数の生きた動物です。

その後の4月22日、菅直人総理（当時）は原子力発電所の20㎞以内に警戒区域を宣言しましたが、少なくとも20㎞周辺の動物を救おうとすれば十分可能だったはずですし、機動力を持ってすれば、かなりの中心地に近い動物も救えたはずです。それなのにこの国では、１９８６年のチェルノブイリ原発事故でさえ家畜を保護したという事実や、新潟地震で1千２００頭もの牛をヘリコプターで運んだという事実がありながら、平気であらゆるものを見殺しにしたのです。

私がこの目で見たものは……、少なくとも、警戒区域のありとあらゆるところを知りつくしているのは、私たち親子以外にこの日本にはいないと思います。そこを原点として、HOSHI FAMILY というレスキューチームが生まれました。行政も、原子力関係の作業員も行かないような場所まで、ペットを探し求めて警戒区域の中を数万キロも走り、何十日も野営をし、車の中で泊り、いくつものバリケードを動かし、ありとあらゆる地図にもないような侵入ルートを調査して、ペットの保護をしてきました。

世間の人々は、なぜ私たちがそこまでやるのかと思っているようです。一部の動物愛護団体の方は、あいつらは動物愛護も知らない素人集団のくせに、何故あそこまでやるのだと訝しげに思われているようです。しかし、その理由は簡単です。我々は、この世の地獄を見てしまったのだから……。そして、必死に模索して知恵を絞り救援してきたのです。それは誰にでもできるものではありませんが、私たちにはたまたまそれができたという事でした。そして最近はインターネットを利用したリモートコントロールによる遠隔捕獲までしていますが、そこまでしないとこの国では住民のペットさえ救えないのが現実なのです。

どう考えても、私たち親子やHOSHI FAMILYのメンバーが、リスクを背負い危険を冒す意味はないけれども、それでも助けずにはいられなかったのです。なぜなら、いつも私たちの前には、じっと飼い主の家を守り続けて、けなげに生きている犬や猫がいました。あるものは、尻尾を振り私の胸に飛び込んできたし、あるものは遠巻きに餌をねだり、芸を見せ、あるものは逃げていく。

そして、当初行ったときの警戒区域内は、玄関前で飼い主を待つ犬やすでに死んでいる犬、その死骸の強烈な臭い、さらには牛の死肉を食べる犬や猫、野生のタヌキまで餓死するような、壮絶な環境でした。放っておけば餌の無い動物は、数カ月で死んでしまうだろうが、この見殺しを狙う政府に対抗して、私たちは、毎月1トンの餌を捲き、餌場を作り、このペットたちを生かす努力を必死に続けてきました。

一番私たちが辛かったことは、死骸とその臭いでした。家々からは、腐った冷蔵庫の異臭と死骸の臭いが漂い、もう街中が腐った臭いと死臭とハエだらけの街でした。海辺には、人間の死骸すら瓦礫の下にあっただろうと思います。誰も捜索にすら来ない海岸、失われた漁港、瓦礫に埋もれたであろう人々、3月11日には生きていたのに、捜索から見捨てられた人もいました。そんな人間の死臭までもが、私のマスクを突き抜けました。そして、警戒区域に入るすべを心得ていただけに、他のボランティアのメンバーもそれを頼って集まってきます。それは自然な成り行きだったと思います。

冷静に考えれば、家畜もペットもせいぜい20年もすれば死ぬという事です。それなのに、なぜ危険を冒してまで助ける必要があるのでしょう。挙げ句に、原子力保安院のオフサイトセンターからは、あの組織は過激だ、警戒区域には絶対入れるなとまで指令が出ています。国にとって、警戒区域に入り中の様子を世間に知られることは、許されないことになっているのです。警戒区域は、ジャーナリストが犯罪者扱いされ、住民の一時帰宅ですら、カメラの持ち込みが禁止されるようなところなのです。これは、明らかに憲法違反です。

私たちは、少なくとも飼い主を信じて待つ動物を見殺しにしたことが許せないのです。人間として、この国は救えるものを平気で見捨てるという事に怒っているのです。原発をやりたいなら、やればいいでしょう。その代わり、命までも犠牲にするなと言っているだけなのです。こんなことを平気でするような政府は、人間ですら見捨てるでしょう。その証拠にそれはすでに起こっている。自殺も多数発生しています。

もし、私たちが、その動物たちの命を助けて過激と責められるならば、命をないがしろにし、殺すオフサイトセンターの対応はもっと過激なのではないでしょうか？

思うのは、この国の同胞たちが情けないことです。自分のペットさえ救えるのに救わない飼い主もいたのが事実ですが、その一方で本当に救いたくても救えない飼い主がいたのも事実です。なんという悲劇でしょう。何人もの方が家にも帰れず、自分のペットすら救えない。こんなことなら死んでしまいたいという方もおりました。

皆さんに質問させていただくなら、

「目前で、見知らぬ人が餓死しようとして立ち上がる事すらできないときに、人間として平気で見捨てられますか？　それが、たとえペットでも……」

私たちは、そんな素朴なことをしてきただけです。だから、別に褒めていただかなくともかまいません。助ける協力だけしてほしいと思っているのが本音です。国や、役場や、放射線チーム、福島住民、あらゆるところに私たちは協力し、非公式であれ、情報を与えてきました。それなのにもう終わったかのように、関係者の皆さんが素知らぬふりをしている。でも、現実には、まだ沢山の動物が警戒区域で生きているのを私たちは訴え続ける為に、今もレスキューしているわけです。

そして、私たちに関わった福島住民の方は感謝してくれておりますが、私たちのレスキューグループは、その代償を求めず、駆け引きもせず、一心に動物たちを助けてきました。それでも、警戒区域に関わった政府組織や一部の獣医師や悪徳愛護団体からは、私たちの活動が毛嫌いされているのが事実でしょう。はっきり言わせていただけば、それは私たちが悪いのではない。体裁にこだわり、信念を貫けなかった環境省や動物救援本部、その他、関係した多くの人の心の弱さだと思います。

私たちにとって、この2年間の救援活動は終わっていません。
原発は、あらゆるものを危機に陥れ、命を見捨てる危険性を備えていることが福島で証明されました。行動しない者たちこそが、この社会を容認してきたという事実に気付いてほしいのです。だからこそ、原発はもう止めてほしい。命を大事にする社会になってほしいと思います。今、はっきり言えることは、「日本がこんなひどい国だとは誰も思ってもみなかった」、それが事実です。
無関心でいれば、いずれ明日は我が身として降りかかるという事です。ですから、少しでも多くの方に今の現実を考えていただきたいと思います。

著者紹介

星 広志（ほし・ひろし）

1955年10月11日、福島県相馬市生まれ。

1999年、日産自動車欠陥車問題で2万人の有志を束ね、日本人初のネットを利用したPL問題運動家として、メーカーが欠陥を認めた成果がPL国際会議などでも紹介される。

2000年、仙台市立町で母子家庭を対象にした無料パソコン教室「インターネットちゃちゃ」を3年間運営。2001年、モンゴル文化協会仙台支部事務局長。交通行政評論家として交通違反不起訴110番を主催、裁判所鑑定人などを務めるが、文句を言うだけでは何も変わらないと悟り2005年、同会を解散。32歳から三つの会社経営を経て、現在、ROSSAM株式会社代表取締役社長。

「福島原発被害の動物たち」コミュニティーを主催。

著書に『見捨てられた命を救え―3・11アニマルレスキューの記録［PART1］』（社会批評社刊）。

http://www.facebook.com/fukushimaanimal

●見捨てられた命を救え！（PART2）
―3・11後、2年目の警戒区域のアニマルレスキュー

2013年2月25日 第1刷発行

定　価 （本体1500円＋税）
著　者 星 広志
装　幀 堀口誠人
発行人 小西　誠
発　行 株式会社　社会批評社
東京都中野区大和町1-12-10小西ビル
電話／03-3310-0681　FAX／03-3310-6561
郵便振替／00160-0-161276
http://www.alpha-net.ne.jp/users2/shakai/top/shakai.htm
E-mail:shakai@mail3.alpha-net.ne.jp